复杂系统工程建模与仿真
——研究与挑战

Research Challenges in Modeling and Simulation
for Engineering Complex Systems

[美]理查德·藤本（Richard Fujimoto）
康拉德·博克（Conrad Bock）
陈卫（Wei Chen） 编著
欧内斯特·佩奇（Ernest Page）
吉特什·潘查尔（Jitesh H. Panchal）

彭丹华 李廷鹏 汪 亚 申绪涧 译
冯润明 审校

国防工业出版社
·北京·

著作权合同登记　图字：军-2022-3551 号

图书在版编目（CIP）数据

复杂系统工程建模与仿真 /（美）理查德・藤本（Richard Fujimoto）等编著；彭丹华等译. —北京：国防工业出版社，2023.1
书名原文：Research Challenges in Modeling and Simulation for Engineering Complex Systems
ISBN 978-7-118-12769-0

Ⅰ. ①复…　Ⅱ. ①理…　②彭…　Ⅲ. ①系统工程－系统建模　②系统工程－计算机仿真　Ⅳ. ①N945.1

中国国家版本馆 CIP 数据核字（2023）第 020290 号

※

国防工业出版社出版发行
（北京市海淀区紫竹院南路 23 号　邮政编码 100048）
北京虎彩文化传播有限公司印刷
新华书店经售

*

开本 710×1000　1/16　**印张** 9　**字数** 152 千字
2023 年 1 月第 1 版第 1 次印刷　**印数** 1—1500 册　**定价** 138.00 元

（本书如有印装错误，我社负责调换）

国防书店：（010）88540777　　书店传真：（010）88540776
发行业务：（010）88540717　　发行传真：（010）88540762

前言

2016年1月13日至14日，在位于弗吉尼亚州阿灵顿的美国国家科学基金会举行了一个为期两天的研讨会，其目标是明确建模与仿真（M&S）领域未来的研究方向以及建模与仿真在复杂系统工程中的作用与角色。这次研讨会的赞助方包括美国国家科学基金会（National Science Foundation，NSF）、美国国家航空航天局（National Aeronautics and Space Administration，NASA）、美国空军科学研究办公室（the Air Force Office of Scientific Research，AFOSR）和美国国家建模与仿真联盟（National Modeling and Simulation Coalition，NMSC）及其上级机构美国国家训练与仿真协会（National Training and Simulation Association，NTSA）。这本书记录了这次研讨会的成果。

这次研讨会的目标是确定和建立有关复杂工程系统设计的建模与仿真关键研究挑战的共识，这些挑战的解决方案将显著影响和加速解决当今社会面临的主要问题。虽然建模与仿真成为一个热点研究领域已经有一段时间了，但新的发展（如对具有空前规模和复杂性的系统进行建模的需求、得到充分记录的海量数据以及底层计算平台的革命性变化）正在为建模与仿真领域带来新的重大机遇和挑战。这次研讨会聚焦于四个主要技术主题：①概念模型；②计算问题；③模型的不确定性；④模型和仿真的重用。

这次研讨会很大程度上起因于美国国家建模与仿真联盟（NMSC）研究与发展委员会发起的一项倡议，该倡议旨在为建模与仿真研究领域定义一个共同的研究计划。由于建模与仿真研究团体分散在许多不同的学科、团队和机构中，因此有必要聚集不同群体的代表来论述建模与仿真领域中的重要研究问题。在此次研讨会召开之前和召开之后，我们在多个建模与仿真会议上做了大会报告和分组研讨，以提高这次研讨会的知名度。

研讨会的筹划开始于 2015 年 9 月，成立了研讨会指导委员会，委员会的成员包括 Richard Fujimoto（委员会主席，佐治亚理工学院，时任美国国家建模与仿真联盟政策委员会主席）、Steven Cornford（美国国家航空航天局喷气推进实验室）、Christiaan Paredis（美国国家科学基金会）和 Philomena Zimmerman（美国国防部长办公室）。我们制定和发布了研讨会公告，呼吁大家积极提名研讨会参会人员（包括自我提名），总共收到了 102 项提名。研讨会指导委员会审查了这些提名，并发出了多轮邀请，直到达到研讨会的人数要求。研讨会参会人员的选择侧重于以下目标：确保四个技术主题领域的均衡，来自不同研究群体的广泛代表性，该领域资深、杰出的研究人员的入选，以及确保来自代表性不足群体的人员的入选。

一共有 65 人参加了此次研讨会。成立了四个工作小组，每个工作小组代表一个技术主题领域。参会人员最初均会被分配到其中某一个工作小组；但是，他们也可以自由地选择参加其他的小组（有些参会人员是这样做的），有些参会人员还选择在为期两天的研讨会期间参加多个小组。每一个工作小组内有三名参会人员负责组织和促进该组的讨论，并帮助整理研讨会的成果。

每个工作小组负责确定该技术领域中四到五个最重要的研究挑战（如果这些挑战得到解决，将产生极大的影响）。我们预计在每一个主要的研究挑战中，都会存在一些关键的子挑战需要解决，以应对这一主要挑战。

在研讨会之前，我们将一些关于建模与仿真研究挑战的预读材料分发给了参会人员。这些预读材料包括以下几种。

（1）National Science Foundation Blue Ribbon Panel, “Simulation-Based Engineering Science,” May 2006.

（2）National Research Council of the National Academies, “Assessing the Reliability of Complex Models, Mathematical and Statistical Foundations of Verification, Validation, and Uncertainty Quantification,” 2012.

（3）A. Tolk, C.D. Combs, R.M. Fujimoto, C.M. Macal, B.L. Nelson, P. Zimmerman, “Do We Need a National Research Agenda for Modeling and Simulation?” Winter Simulation Conference, December 2015.

（4）J.T. Oden, I. Babuska, D. Faghihi, "Predictive Computational Science: Computer Predictions in the Presence of Uncertainty," Encyclopedia of Computational Mechanics, Wiley and Sons, to appear, 2017.

（5）K. Farrell, J.T. Oden, D. Faghihi, "A Bayesian Framework for Adaptive Selection, Calibration and Validation of Coarse-Grained Models of Atomistic Systems," Journal of Computational Physics, 295 （2015）pp 189–208.

（6）Air Force Office of Scientific Research and National Science Foundation, "Reportof the August 2010 Multi-Agency Workshop on Infosymbiotics/DDDAS: The Power of Dynamic Data Driven Application Systems" August 2010.

此外，我们还邀请了参会人员提交简要的声明报告，说明需要在研讨会上进行讨论的关于建模与仿真研究挑战的问题或范围。每个提案都被分配到四个技术主题领域中的一个，并在会议前分发给参会人员。

研讨会第一天的议程包括五个以应用为中心的报告，这些报告描述了建模与仿真在某些领域中需要进一步发展的重要方面，这些领域包括：可持续城市增长（John Crittenden）、医疗保健（Donald Combs）、制造业（Michael Yukish）、航空航天（Steven Jenkins）和国防（Edward Kraft）。这些报告、预读材料以及研讨会参会人员提交的研究提案是研讨会的主要输入信息。

研讨会的其他活动主要集中在分组讨论和跨组讨论上，目的是围绕关键研究建立共识，从而形成共同研究计划的基础。第一天的活动重点是收集和合并关于重要研究的观点。第二天的活动包括简短的报告和讨论，汇报四个小组的进展并进一步讨论，以提炼和阐明关于四个技术领域研究的建议。

本书描述了研讨会形成的主要研究结果。我们要感谢许多个人和组织，他们的帮助使得这次研讨会得以顺利举行。首先，我们感谢研讨会的赞助方，特别是美国国家科学基金会（Diwakar Gupta）和美国国家航空航天局（NASA），他们为研讨会提供了主要资金。美国国家建模与仿真联盟/国家训练与仿真协会（RADM James Robb）在研讨会第一天结束时举办了一个招待会，美国空军科学研究办公室（Frederica Darema）参与了研讨会的筹备活动，并在研讨会的举办过程中提供了有价值的指导。五位大会报告者（John Crittenden，Donald Combs，

Michael Yukish，Steven Jenkins 和 Edward Kraft）针对建模与仿真在他们各自的应用领域中的影响做出了精彩的、引人深思的报告。Holly Rush 和 Tracy Scott 为研讨会提供了管理支持，Philip Pecher 协助形成了最终的报告，Alex Crookshanks 协助制作了一些图表。

最后，我们特别感谢诸多参会人员投入了他们的时间和精力来参与研讨会和协助编写本报告。我们感谢小组领导们认真组织各小组的讨论，以及为组织和（大多数情况下）撰写本书的大部分内容所做出的努力。

Atlanta, GA, USA， Richard Fujimoto
Gaithersburg, MD, USA，Conrad Bock
Evanston, IL, USA，Wei Chen
McLean, VA, USA，Ernest Page
West Lafayette, IN, USA，Jitesh H. Panchal

目录

第0章
绪 论

在这个充满不确定性的、快速变化的世界中，工程系统的规模和复杂性达到了前所未有的水平。城市面临着巨大的挑战，这些挑战来自基础设施的老化、城市化的加剧以及革命性的技术变革，如智能电网、光伏发电和居民发电、车辆的电气化、自动驾驶汽车以及无人机的广泛应用等，同时气候变化等因素也有可能对未来的发展产生巨大影响。随着人口老龄化，医疗保健系统在适应患者医疗数据的爆炸式增长、支付模式的变化以及医疗技术不断进步的同时，也面临着日益增长的服务需求。制造业的进步带来了大幅提高竞争力和促进经济增长的潜能，但随着增材制造和材料设计新方法等新技术的出现，也要求自动化和快速无缝集成领域的迅速发展。在存在环境性突发状况、技术故障和经费预算严重受限的情况下，在面对恶劣环境和极端距离任务时，高级太空任务对稳健性和灵活性提出了严格的要求。同样地，国防采办面临的挑战来自不对称威胁、不断变化的任务、技术全球化以及在面临预算下降、国防工业基础萎缩、国会与军队命令、授权和法规的情况下的“竖井”式决策过程。

在上述这些以及许多其他具有重大社会重要性的领域，建模与仿真发挥着关键的作用，对于成功应对这些挑战和不确定性至关重要。在与复杂社会技术系统相关的决策中，对未来发展趋势的考虑是难免的。对尚未存在的未来进行实证分析是不可能实现的，但可以通过建模与仿真来对它们进行计算性探索。建模与仿真的进步对于解决许多与这些示例相关的“如果……会怎么样？”的问题至关重要。结合当前和未来的计算能力、可视化技术和大数据集，先进的建模技术能够使仿真为政策、投资和运营改进的决策提供支撑。

尽管上述应用场景中出现的系统非常不同，但它们至少有一个共同点。它们是由许多相互作用的组件、子系统和人员组成，像这样由许多相互作用的元素组成的系统通常被称为复杂系统。例如，一个城市可以视为一系列基础设施与社会、经济和决策过程的组合，基础设施包括水、能源、交通和建筑等，这些过程随着时间的推移推动着这个城市的增长和运行。复杂系统各部分之间的相互作用可能会产生意想不到的、涌现性的现象或行为，这些现象或行为可能产生理想的结果（如种族社区的出现），或者不理想的结果（如城市肆意扩展）。建模与仿真提供了理解、预测和评估复杂系统行为的重要工具和技术，以及系统开发和评估方法，以引导系统走向更理想的状态。

自从出现了计算机，基于计算机的模型和仿真就一直在被使用。纵观历史，建模与仿真技术的价值是毫无疑问的。然而，开发和使用可靠的计算机模型与仿真系统在当今来说是费时的且昂贵的，有时可能产生不可信的结果。随着工程系统复杂性和规模的增加，以及必须在不确定的环境中部署使用时，这些问题变得更加关键。目前，建模与仿真技术的发展对于开发出对现代社会至关重要的更有效、更稳健、成本更低的工程复杂系统是必不可少的。

在这里，我们明确了一些必须加以解决的关键研究挑战，以使建模与仿真继续成为一种有效的手段，从而应对开发和管理日益普遍的复杂系统的挑战。这些挑战的关键点可以分为四个方面。

（1）概念建模。理解和开发复杂的系统需要具有不同专业知识的个体进行协作。这些个体用于进行沟通和协作的模型，通常称为概念模型。概念模型一旦被定义，就可以转换为计算机模型和软件，用于表示系统及其行为。概念建模的发展对于实现有效的协作以及从概念模型到合适的计算机表示之间高性价比、无错误的模型转换是至关重要的。

（2）计算挑战。在过去的10年里，计算机和通信技术发展迅速。建模与仿真还没有充分认识到移动且无处不在的计算、大数据、物联网、云计算和现代超级计算机架构等技术所带来的潜力和机遇。这使得建模与仿真无法充分发挥其在复杂系统建模方面的潜力，也无法在新的场景中广泛应用，如系统的在线管理。为了使建模与仿真技术能够解决当今社会需要进行建模的系统的复杂性和规模等问题，在计算方面需要取得新的研究进展。

（3）不确定性。模型和仿真是真实世界系统必要的近似表示，在用于创建模型的数据中，以及模型本身定义的行为和过程中，总是存在固有的不确定性。在涉及建模与仿真的任何决策过程中，理解和应对这些不确定性是至关重要的。我们需要提出新的途径来更好地理解不确定性，并实现应对它们的实用方法。

（4）模型和仿真的重用。通常情况下，子系统（如组成车辆的部件）的模型和仿真是各自独立构建的，而后必须与其他模型集成，以构建整个系统的模型。然而，现有模型和仿真的重用可能是昂贵和耗时的，并可能产生不确定的结果。为了使模型和仿真的重用具有高性价比，并确保集成的模型产生可靠的结果，需要在这方面取得进展。

这次研讨会在这些领域中明确的重要研究挑战的关键点将在下面进行讨论，并在后续的章节中详细阐述。

1. 概念建模：促进复杂系统建模的有效协作

概念建模被认为是大型复杂问题建模和仿真的关键，但由于没有得到清晰的定义或透彻的理解而未能成为研究热点的一个重要主题。概念模型是早期的产品，它对各种领域化的模型进行集成并提供需求，这里，“早期”一词适用于系统开发的每个阶段。这就导致了多种概念模型：现实世界的概念模型、问题构建的概念模型、分析的概念模型和模型集成的概念模型。要建立概念建模的工程原则就需要更好地理解如何使概念模型及其关系显式化、概念建模的过程以及构建概念模型的架构和服务。

要点 1.1 所有相关人员，包括为这些模型开发计算工具的人员，都必须以相同的方式理解概念模型。

目前，概念模型通常是使用草图、流程图、数据和伪代码的组合来表示的。对于如何理解这些内容缺乏一致性（即存在歧义），这限制了能够提供给工程师的计算性辅助。我们需要更明确的和更形式化的概念建模语言来支持工程领域的集成和分析工具的构建，同时通过领域建模语言为领域专家保留其可读性。形式化概念建模不仅适用于关注的系统，而且也适用于对该系统的分析。学者们已经研究提出了一些方法来作为仿真形式化范式；然而，在最佳方法上几乎没有达成共识。要实现建模与仿真的工程原则将需要一套更完整的形式化范式，包括严格的离散事件、连续和随机系统描述范式和更高级别的范式，也可能是领域特定的仿真语言。

要点 1.2　概念建模的过程必须满足资源约束并得出高质量的模型。

建模与仿真系统本身就是复杂的系统，通常需要多个步骤和多次决策才能从问题转移到解决方案（生命周期工程）。不管复杂性如何，任何类型的生命周期工程的基本原则都是确保未消耗的资源（如金钱和时间）与剩余的工作是相称的。减少剩余工作的不确定性和资源消耗的速度需要确定系统的目的和范围、需建模系统的类型（连续/离散、确定性/随机等）、合适的建模范式、算法、校准和验证模型的数据以及用于交叉验证的其他模型。目前，由于缺乏对约束生命周期决策和过程的工程领域知识的形式化描述，难以明确回答这些问题。此外，对于任何使生命周期过程显式化和可管理的方法，工作流都是至关重要的，但由于缺乏评估工作流质量的指标，同时缺乏评估所建模型的质量的指标，对这些工作流的评估也难以实现。

减少建模过程中引入的模型缺陷有助于避免在建模接近完成时对模型进行高难度和高成本的修改。在模型开发期间，项目负责人必须确定在生命周期的每个点上获得什么知识，以使其对项目参与方来说最有价值。我们需要进一步研究如何在系统开发生命周期的特定里程碑上设置知识目标，特别是，哪些知识元素与所关注的系统及其环境的哪些方面相关联？如何确定在开发生命周期的特定时间获取特定类型知识的价值？一种互补的方法是提出一种衡量建模与仿真过程的形式化和最优化的程度（成熟度）的方法。目前，对于建模与仿真过程，还不存在这样的标准化和系统化的评估方法，但是能力成熟度模型（Capability Maturity Model，CMM）和能力成熟度模型集成（CMM Integration，

CMMI）方法在软件工程领域诞生后，已经被应用到许多领域。建立建模与仿真过程的能力成熟度模型需要对多个方面进行研究，包括对建模过程的复杂性和不确定性进行定量分析，建模过程的优化、风险分析和控制，以及过程质量和成本的定量度量等方面。

关于概念模型的验证，其挑战在于找到普遍适用的概念，以及令所有利益相关方满意的理论和相关技术。例如，一个适用于某一特定用途的概念模型如何影响其他仿真过程产品的开发？仿真活动中的各利益相关方如何使用概念模型，是否有效？根据在开发过程的早期就考虑验证的这一最佳策略，涉及概念模型验证的理论进展将有助于整个仿真生命周期中概念模型的严格使用。

要点1.3　概念建模的体系结构和服务必须支持多种工程方法和开发阶段的集成。

复杂系统的大规模可靠建模需要一种允许对模型进行跨领域组合的体系结构。要构建一个这样的模型体系结构，需要建立机制来支持在多个规则集之间进行有效交互，确定在集成时观察这些规则之间出现涌现行为所需的粒度，并确定适合各种相关领域的设计模式。这样的体系结构必须由能够在所有层次共享模型元素和在必要时扩展体系结构的服务做支撑，实现这样体系结构和服务需要开发用于建模与仿真以及应用的集成平台，模型集成的主要挑战之一是其组成系统的语义异构性。仿真集成（协同仿真）有一些成熟的体系结构和标准，但仍有许多尚未攻克的研究问题，包括规模、组合、大跨度的时间分辨率、半实物仿真器以及仿真集成中的逐步自动化。随着分布式联合仿真向基于云的部署、基于Web的仿真即服务模型以及资源动态配置的自动化发展，仿真应用的集成具有很大的必要性。

可信的模型集成依赖于所使用语言的形式化程度。尤其是，将系统的概念模型和分析模型之间的映射进行形式化，这对于在它们之间建立可靠的桥梁至关重要。与系统和分析的形式化概念模型相结合，模型转换为分析模型的自动化构建提供了基础。对于概念建模来说，实现这一点最基本的挑战可能是理解在系统模型、分析模型或它们之间的映射中记录分析知识时的取舍。

2. 计算：在复杂系统建模中利用计算领域的发展

计算技术近年来有了巨大的进步。计算机对大多数人触不可及、被限制在主机上并被锁在只有受过严格训练的专家才能操作的机房里的时代已经一去不复返了。目前，普通民众通常拥有并使用的计算机比早期的超级计算机更强大，如智能手机、平板电脑、笔记本电脑和个人计算机（PC），它们是我们日常生活中的关键因素。其他重大技术发展继续显著地改变着计算领域，如大数据、云计算、互联网和新的高性能计算架构等。

要点 2.1　从移动计算机到新兴的超级计算机架构，新的计算平台需要新的建模和仿真研究，以最大限度地利用它们的能力。

目前，建模与仿真完成的绝大多数工作都是在传统的计算平台上完成的，如台式计算机或后端服务器。计算领域的两个主要趋势是移动计算的发展，以及高性能计算机向大规模并行化的转变。正如前面所讨论的，移动计算平台的应用将模型和仿真转移到模型与现实世界交互的新领域。在这种新环境中，如何最大限度地利用建模与仿真（通常结合云计算方法）还没有得到充分认识。

与此同时，现代超级计算机的架构在过去 10 年中发生了巨大的变化。所谓的功率墙已经导致单个处理器计算机的性能停滞不前。在过去的 10 年中，计算机性能的提高来自并行处理，即同时使用多台计算机来完成一个计算任务。例如，为了减少收割大草坪的时间，人们可以使用多台割草机在草坪的不同区域同时操作。同样地，并行计算机利用许多处理器来完成一项仿真计算。现代超级计算机包含数十万到数百万个处理器，形成了大规模并行的超级计算机。此外，这些体系结构通常是异构的，这意味着机器中包含不同类型的处理器，它们具有不同的专用功能。在建模与仿真项目中，对这些平台以及新的实验计算方法的有效利用仍处于初级阶段。

要点 2.2　模型与仿真同真实世界相结合以监控和引导系统走向更理想的终端状态是一个新兴的研究领域，具有巨大的影响潜力。

我们正在进入一个“智能系统”的时代，智能系统能够评估当前环境，并向用户提供有用的建议，或者在系统运行时自动演化以改进系统。例如，智能制造系统可以随着环境的变化自动适应供应链，或者智能交通系统可以随着交通拥堵的发展自动适应，以减少旅客延误。由在线数据驱动的模型与仿真提供了预测系统变化的能力，并可以为管理这些新兴的复杂系统提供不可或缺的帮助。然而，要实现这种能力，必须解决一些关键基础性系统研究问题。此外，必须解决隐私、安全性和信任相关的关键问题，以减轻或避免由于广泛应用此类系统而产生的意外的、有害的附加后果。

要点 2.3　为了有效地对复杂系统进行建模，需要新的方法来统一和整合现有的、越来越多的“海量模型”。

如前所述，复杂系统包含许多相互作用的组件，不同的组件通常需要不同类型的仿真。例如，某些子系统可能适合利用基于方程的物理系统仿真来表示，而其他子系统则适合被抽象为只捕获“有趣”事件，从一个事件跳到下一个事件。要实现这些仿真之间的无缝互操作，则需要仿真平台、框架、工具链以及标准的支撑。这些仿真可能在截然不同的时间尺度和空间尺度上运行，这就会在它们必须进行交互的边界上产生不匹配。此外，仿真的许多运行通常需要探索不同的设计或评估不确定性。许多问题需要运行上千次，为此需要提出新的方法来适时完成这些仿真运行。

要点 2.4　建模与仿真和“大数据”是相互促进的，并且在提高预测能力方面可以提供远远超过机器学习技术单独具备的能力。

机器学习算法等“大数据”分析技术提供了强大的预测能力，但由于缺乏对系统行为的描述，可以说它们的能力又是有限的。仿真模型提供了这样的描述，为增强纯数据分析方法的能力提供了可能性。例如，回答“如果……会怎么样？”或在数据不够的不可重现情况下使用。建模与仿真方法和机器学习算法之间有明显的协同作用，可以建立有效得多的模型从而极大地提高决策能力。然而，要实现这一能力，首先必须解决一些重要的问题，如模型和数据的有效表示，以及模型和系统的有效集成方法。

3. 不确定性：在复杂系统建模中理解和管理未知性

所有模型都有固有的不确定性，这制约了模型解释过去事件和预测未来事件的能力，理解这种不确定性及其内涵对建模与仿真活动至关重要。

要点 3.1　有必要在统一的理论和哲学基础下使建模与仿真中与不确定性相关的工作具有一致性。

已经有多个研究团队使用不同的数学公式研究了与模型不确定性相关的问题。然而，由于缺乏一个严谨的理论和哲学基础，导致了应对这些不确定性的定制化方法的产生。例如，使用定制化方法来衡量模型的有效性，使用定制化方法来量化模型的不确定性，以及人为区分客观不确定性和认知不确定性。要取得进一步的进展，必须在一致的框架下统一各项研究工作。大家都知道概率论是唯一与公认的认识论规范原则相一致的不确定性理论。人们一致认为贝叶斯概率理论是建模与仿真不确定性统一的基础。

要点 3.2　建模与仿真中的决策以及建模与仿真对决策的支持都需要理论和方法的进步。

建模与仿真过程是目的驱动的活动，必须考虑最终使用的情况，具体应用场景定义了模型在决策过程中的角色和范围以及可用的资源。从这个角度来看，建模与仿真活动支持决策。此外，建模人员也是决策者，他们根据决策的潜在影响来决定要花费多少精力和资源。虽然决策理论为建模与仿真决策提供了必要的基础，但在存在组织机构的环境中，建模与仿真决策存在独特的挑战。这些挑战包括从整体的组织性目标中持续推断对个体不确定性管理决策的偏好，以及建模与仿真中序贯决策的复杂性。

要点 3.3　在理解和解决建模与仿真中的聚合问题方面需要有所发展。

复杂系统的建模与仿真涉及来自多个来源的信息聚合。例如，多物理、多学科、多逼真度和多尺度建模等技术集成了通常由不同建模人员开发的模型。信息聚合和模型集成涉及了诸多挑战，如跨层次模型的无缝集成和确保建模假设的一致性。即使保证了不同模型之间的一致性，聚合的基本性质也可能因为路径依赖问题而导致错误的结果。在对复杂系统进行建模时，需要应付客体相关信息和偏好相关信息之间的聚合问题带来的挑战。

要点 3.4　虽然在理解人类作为决策者方面已经取得了重大进展，但在建模与仿真活动中对这一知识的利用仍然有限。

人类是社会技术系统的组成部分。准确地对人类行为进行建模是对整个系统行为进行仿真的关键。此外，模型的开发人员和用户是人类决策者。因此，模型开发和使用过程的有效性高度依赖于人类决策者的行为。更好地理解存在于人类决策中的偏差，有助于更好地设计社会技术系统的控制策略、实现更好的建模与仿真过程、更有效地分配组织资源以及更好地进行模型驱动的决策。在建模与仿真中解决人类方面的问题需要领域特定建模研究人员与社会、行为和心理科学研究人员之间的合作。

建模与仿真的另一个关键挑战是利益相关者之间对模型预测和相关不确定性的沟通，需要提出一种途径来持续沟通基本假设、建模者的信念以及它们对预测量的潜在影响，有必要将不确定性纳入教育课程的核心。在工程和科学中，需要开设一门关于概率的现代课程，以使学生具备对不确定性进行推理的基础。虽然“大数据”已经用于仿真系统的建模，但“大数据”的使用也带来了新的挑战，这些挑战涉及样本不完整或噪声样本、高维度、“过拟合”以及外推设置和罕见事件中表征不确定性的困难。因此，需要提出包含严谨的数学、统计学等科学和工程学原理的新研究方法。

4．模型与仿真的重用：降低复杂系统建模的成本

如前所述，具有重用模型与仿真的能力可以极大地降低构建新模型的成本。这个主题与前面讨论的一些挑战有重合的地方。例如，概念建模的挑战和计算的挑战在重用过程中也扮演着关键角色。然而，这些领域所强调的内容集中于在考虑管理性和社会性因素的同时，确定可重用解决方案，在给定的概念和技术约束下选择最佳可重用解决方案，以及将确定的解决方案集成到合适的解决方案框架中。为了对解决方案的作用进行分类，我们明确了以下三个挑战：①理论重用；②实践重用；③社会、行为和文化方面的重用。

要点4.1　需要在理论重用方面取得进步，从而为稳健可靠的实践重用提供坚实的理论基础。

为了实现稳健可靠的实践重用，需要具有一个坚实的理论基础。启发式方法和最佳实践能够成功地指导实践者，是因为这些方法背后的理论确保了它们的适用性。虽然好的启发式方法和实践已经在其他领域得到了很好的应用，并产生了良好的结果，但只有具有一个理论框架才可以提供普遍有效性的正式证明。为了支撑这些任务，需要解决的关键问题涉及可组合性、使用元数据来实现重用以及自动化重用。

要点 4.2　关于重用仿真解决方案、数据和知识发现的良好实践指南尤其可以为仿真工作人员提供支持。

尽管近年来的研究工作有助于解决模型重用的日常实践所面临的各种挑战，但是仍然需要良好的实践指南来支撑仿真工作人员。为此，需要开展的重要研究课题包括建模与仿真的重用、数据的重用和知识管理的重用。关于重用建模与仿真的研究主要解决模型表示及其仿真语言和框架的重用所面临的问题。数据重用的研究聚焦于仿真系统的输入需求和可能的输出，以及必要的元数据方法。最后，知识管理研究要应对适用于所有这些主题的通用挑战。

要点 4.3　对重用的社会、行为和文化方面的研究表明，它们可能会刺激或阻碍重用，其程度至少与技术限制一样。

一些最近的研究表明，无形的人和组织机构因素经常阻碍模型、仿真和数据的重用，即使所有的概念和技术方面的问题都得到解决。针对这个问题的关键研究需要明确并培养建模仿真人员所必需的技能，以便能够更容易地被其他人重用（如果建模仿真人员愿意并且有能力这么做的话）。为了促进重用的实践应用，必须更好地理解和普及规划方面的问题、风险和责任方面的问题以及一般的社会和行为方面的问题。

总之，针对上述四个技术领域所描述的研究挑战的解决方案将极大地提升我们设计和管理复杂工程系统的能力。建模与仿真的进步将对当今社会面临的许多最重要和最具挑战性的问题产生广泛的影响。世界正迅速变得越来越相互关联和相互依存，造成的后果越来越难以预料，从而阻碍了规划和准备工作。虽然建模与仿真在过去为我们提供了很好的服务，并且目前已成为一个被广泛使用的关键工具，但新的发展对于迅速跟上快速变化的世界和创造过去甚至未曾考虑过的新能力是至关重要的。

第1章 概　述

以计算机为基础的建模和仿真是先进经济体中指导复杂系统设计所需的关键技术。建模与仿真技术对于解决当今社会所面临的关键挑战极其重要，例如创建智能可持续性城市、开发先进的飞机和制造系统以及创建更安全更有复原力的社会和有效的医疗保健系统。

然而，在当今时代开发和使用可靠的计算机模型和仿真是费时和昂贵的，并且模型产生的结果可能不够可信，不能达到预期的目的。建模与仿真面临着前所未有的新挑战。工程系统在复杂性和规模上不断增加。建模与仿真的进步对于紧跟这种日益增长的复杂性和最大化新兴计算技术的有效性至关重要，从而适应未来需要的、日益复杂的系统工程。

1.1 现实需求

自从出现了计算机，基于计算机的模型和仿真就一直得到应用。例如，第一台电子数字计算机（ENIAC）的一个应用是计算炮弹的弹道，以创建第二次世界大战中使用的射表。毫无疑问，计算机仿真在过去对社会产生了重大影响，并将在未来持续如此。建模与仿真的重要性得到了美国众议院的认可，宣布其为具有国家重要性的关键技术（U.S. House of Representatives，2007）。

现在建模与仿真技术的新发展十分重要。随着系统变得更加复杂和互联，建模与仿真应用的规模和复杂性正在迅速增加。例如，利用建模与仿真向决策者提供信息，以引导城市增长朝着更可持续的轨迹发展。人们普遍认为，必须把城市视为一个整体，并考虑关键基础设施之间的相互依存关系，如交通、水和能源，以及与社会进程和政策的相互作用。这些系统和基础设施中的每一个都是大型的、复杂的自适应系统。构建能够描述这些基础设施和社会经济过程之间的行为和相互作用的仿真模型更具挑战性，建模和仿真技术需要进步。

基于建模与仿真技术而构建的新应用提出的新兴需求带来了一系列挑战，同时，建模与仿真利用的底层计算平台和技术在过去 10 年中经历了巨大的变化，也突出了技术创新的需要。这些发展为建模和仿真产生更大的影响力创造了新的机遇，也带来了挑战。物联网和“大数据”等趋势对建模与仿真的未来有着强烈的影响。随着移动计算的出现和传感器网络等技术的发展，在线决策成为一个越来越重要的领域。建模和仿真与机器学习是互补的。纯粹从机器学习算法中得到的模型虽然带来了很多益处，但它们不包含对所研究系统的行为描述，而这样的行为描述无论是对于动态系统行为的预测和假设实验，还是在有足够数据情况下的分析，抑或是出于隐私或其他问题的原因没有正确数据的情况，都是必需的。与此同时，无论是移动计算平台还是数据中心计算，功耗和能耗都已成为计算的重要考虑因素。在过去的 10 年中，包含超过 100 万核处理器、GPU 和云计算的大规模并行多处理器系统变得越来越重要，这促使人们开始研究如何有效地利用这些平台。云计算通过使高性能计算能力更广泛地可用，为建模与仿真技术提供了更广泛的应用。同时，将仿真系统嵌入到运行环境中也呈现了新的机遇和挑战。

1.2 建模与仿真

关于模型、建模与仿真以及与仿真学科，存在多种定义。美国国防部（DoD）在其在线词汇表（MSCO，2016）中对这些术语的定义如下。

（1）模型：系统、实体、现象或过程的一种物理、数学或逻辑表示。

（2）仿真：在可执行软件中实现模型和行为的方法。

（3）建模与仿真：包括开发和/或使用模型与仿真的学科。

这里，我们特别关注在计算机上存储和操作的计算机模型。一个仿真描述了被模拟系统随时间演化的动态行为的显著方面。通常，通过对计算机程序中变量和数据结构（通常称为状态变量）进行一组赋值，仿真模型描述在某一时刻被模拟系统的状态。例如，对一个运输系统进行仿真可以为系统中的每一辆车定义状态变量，以表示其当前位置、行驶方向、速度、加速度等。一组代码或程序将这些状态变量转换为表示系统从一个时刻到下一个时刻的状态，通过这种方式，仿真构建了在关注的时间段内系统状态的一个轨迹或样本路径。

我们注意到，建模和仿真是密切相关的，但又是不同的领域。建模主要关注所研究系统的表示，模型通常是一个简化的表示。因此，建模中的一个关键问题是哪些内容被包括在模型中，哪些内容被排除在模型之外。仿真是将模型转换为系统随时间变化的行为，其中的关键问题包括实现这种转换所需的算法、程序和软件。在某些情况下，建立模型是首要考虑的问题，而仿真可能是次要的，或者根本不需要。例如，当设计一辆汽车交给负责制造的工厂时，车辆在道路上行驶时的动态行为并不重要。在这里，我们关注复杂工程系统的建模和仿真两个方面。

建模与仿真学科涵盖了许多方面，最好结合建模与仿真项目或研究的生命周期来描述与这里的讨论最相关的元素。图 1.1 所示的过程描述了这个生命周期的基本元素（Loper，2015）。这个生命周期从定义研究目的和范围开始。这个环节定义了与所研究的实际或设想的系统有关的具体问题。目的和范围形成了描述所研究系统的概念模型的基础。概念模型包含对描述系统所需要的抽象概念的说明，以及关键的输入/输出，并显式或隐式（更常见）地定义模型使用的关键假设，第 3 章将对概念模型进行详细阐述。用于描述系统的数据和有关重要过程的信息被收集、分析，并纳入概念模型中，然后概念模型将被转换为仿真模型和计算机程序。校核关注的是确保仿真程序是概念模型的可接受表征，校核在很大程度上是软件开发活动。验证关注的是针对研究中所提出的问题确保仿真程序是所研究系统的可接受表征，验证的实现通常是通过将仿真程序产生的结果与所研究系统测量到的数据进行比较，或者在没有可测量的实际系统的情况下，与系统的其他模型进行比较。一旦仿真模型被验证到可接受的确定性程度，就会利用它来回答在生命周期第一步中提出的问题。这个模型将被执行多次，如对于随机仿真模型使用不同的随机数流，或探索各种参数设置；实验设计定义了要完成的仿真运行。输出分析关注模型结果的描述和量化，如确定输出值的置信区间和方差。仿真模型常常必须在生命周期中进行修改和演化，例如，为了提高其结果的可信性，或者为了纳入新的功能，或者为了回答在初始设计中没有认识到的新问题。配置控制是指管理这些变更所必需的过程。最后，一旦产生了所需的结果，它们必须被记录下来并呈现给个人或决策者，以阐述仿真模型预测的关键行为和结果。

图 1.1 中左边的框图（“确定目的与范围”“形成概念模型”“获取和分析数据”以及“开发仿真模型和程序”）表示模型开发活动，右边的框图（“校核与验证模型和仿真”“设计实验”“运行仿真与分析输出”“配置控制”以及“形成文档”）表示仿真开发活动。这些框图并不代表建模和仿真之间的绝对分离——“开发仿真模型和程序”框图在建模活动和仿真活动之间架起了桥梁，而“校核与验证模型和仿真”框图表示在整个生命周期中都进行的活动。

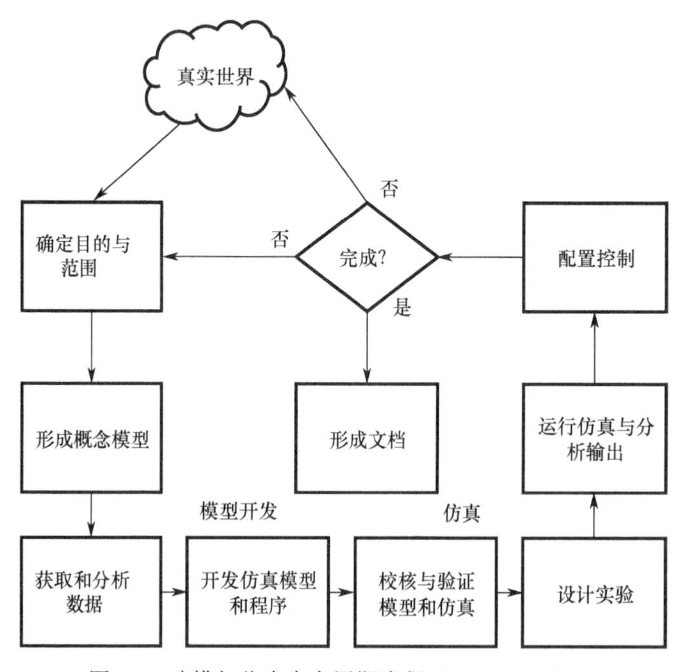

图 1.1　建模与仿真生命周期流程（Loper，2015）

在这里，我们将重点讨论生命周期的四个关键方面。

（1）概念模型的开发。

（2）仿真模型执行相关的计算问题。

（3）理解和管理模型中固有的不确定性。

（4）重用模型和仿真以加快仿真模型开发过程。

1.2.1 概念模型

模型是对现实的简化和近似，建模的艺术涉及选择哪些基本因素纳入模型中，哪些因素可以忽略或安全地从模型中排除。这是通过简化和抽象的过程来完成的。简化是一种分析技术，它通过删除不重要的细节来定义更简单的关系。抽象也是一种分析技术，它确定真实系统的基本特征，并以不同的形式表示它们。得到的模型应该展示出真实系统的特点和行为，这些特点和行为会影响到建模者试图回答的问题。简化和抽象的过程是开发概念模型的一部分。仿真概念模型是一个一直被使用的文档，它从非正式的描述发展为正式的描述，并用于参与模型开发的不同群体之间的交流。它描述了要表示什么，限制这些表示的假设，以及满足用户需求所需的其他功能（如数据）。非正式的概念模型可以使用自然语言编写，并包含与模型中表示什么或不表示什么相关的假设。一个形式化的概念模型是对模型结构的明确描述，它应该由描述系统组成部分和结构的数学和逻辑关系组成。形式化的概念模型用于辅助检测遗漏和不一致之处，并解决非形式化模型中固有的歧义，软件开发人员使用它来开发计算模型的代码。

1.2.2 仿真开发与重用

一旦建立了概念模型，下一步是通过将概念模型编码成计算机可识别的形式来构建仿真系统，该形式可以计算不确定性输入对决策和结果的影响，这些影响与研究目的和范围有关。首先将模型转换为计算机代码；然后再转换为可执行程序涉及选择最合适的仿真方法和合适的计算机实现。适用于复杂系统建模的方法包括：离散事件仿真、离散事件系统规范（DEVS）、Petri 网、基于 Agent 的建模和仿真、系统动力学、代理模型、人工神经网络、贝叶斯信念网络、马尔可夫模型、博弈论、网络模型（图论）和企业架构框架等。

开发新的仿真项目可以通过重用现有的仿真系统而不是为每个新模型“从头开始”开发一切，从而大大提高开发速度。在最基本的层次上，程序的常见组件，如关键数据结构和用于生成随机数的库，可以很容易地重用，而不是重新开发。一个更宏伟的目标是重用整个模型组件或整个仿真系统，许多大型、复杂的系统可以看作是子系统的集合，这些子系统以某种方式相互作用。这种“系统的系统”的仿真模型可以通过集成现有的子系统仿真模型而得到，最终目标是构建可以轻松与其他仿真系统组合的仿真系统，就像组合数学函数一样。

1.2.3 仿真模型执行

仿真模型的一次运行通常称为一次测试，一项仿真研究通常需要数百或数千次测试。例如，每个测试都是一个实验，我们为输入变量提供赋值，评估模型以计算关注的结果，并收集这些值用于后续分析。对所有输入参数进行穷尽（如为了确定一个最佳解决方案）通常是不切实际的，因为这将需要大量的运行。此外，对于使用随机数来描述不确定变量的随机模型，一次仿真运行的输出只产生一个样本。因此，仿真常常依赖于对不确定变量的值进行随机抽样。为了获得更准确的结果，测试的次数可能会增加，因此在结果的准确性和运行仿真所花费的时间之间需要进行权衡。

在仿真模型运行过程中，仿真运行平台是一个重要的考虑因素。对于大型模型，可以使用由多个处理器组成的计算平台的并行处理技术来加速模型的运行。在某些情况下，仿真可用于控制运行中的系统。在这种情况下，首先从系统中收集数据并直接输入到仿真模型；然后仿真可以分析备选方案，并提出建议的行动方案；最后应用到实际系统中。这个反馈循环可能是自动的，也可能包括人类决策者。这种利用在线数据驱动仿真计算并使用这些仿真结果优化系统或调整测量过程的模式被称为动态数据驱动应用系统（Dynamic Data-Driven Application System，DDDAS）。

1.2.4 不确定性和风险

仿真模型永远是对现实的近似表示。因此，模型与实际系统之间的关系总是存在不确定性。不确定性可以在多种情况下存在于数学模型和实验测量中。例如，参数不确定性来自作为数学模型输入的模型参数，这些模型参数的准确值是未知的，并且在物理实验中无法测量和控制，或者无法通过统计方法精确推断出这些参数值。参数变化性来自模型输入变量的变化性，结构不确定性，即模型不完整、模型偏差或模型差异，来自对内在的真实物理知识的缺乏。算法不确定性，又称数值不确定性，来自计算机模型每次执行的数值误差和数值近似。插值的不确定性来自缺乏计算机仿真和/或实验测量中采集的可用数据。对于其他没有仿真数据或实验测量的输入情况，必须内插或外推以预测相应的输出。

定量风险模型用于计算不确定参数及决策对相关结果的影响。这样的模型可以帮助决策者理解不确定性的影响和不同决策的后果。风险分析的过程包括识别和量化不确定性、估计其对所关注结果的影响、建立风险分析模型以定量的形式表示这些要素、通过仿真来探索模型以及制定风险管理决策来帮助我们避免、减轻或应对风险。

1.3 关键问题

我们提出了五个为建模与仿真研究带来挑战的主题领域。

（1）受益于建模与仿真进步的特定应用领域；

（2）概念建模；

（3）计算方法：用于仿真和其他类型推理的算法；

（4）建模与仿真中的不确定性；

（5）模型和仿真的重用。

下面将讨论这些领域中的重要问题。

1.3.1 应用领域

工程系统在复杂性和规模上持续增长。现有的建模与仿真能力无法跟上新兴系统的设计和管理需求。虽然本书的重点是建模与仿真本身而不是应用领域，但建模与仿真技术的需求最终来自于应用领域。在这个背景下，具有社会重要性的具体应用领域中新出现的发展，与评估建模与仿真的进展在这些领域内产生的需求和影响是相关的。

下面讨论的特定应用领域包括以下五个方面。

（1）航空航天；

（2）医疗保健；

（3）制造业；

（4）安全与国防；

（5）可持续性发展、城市化进程和基础设施。

1.3.2 概念建模

尽管开发模型的第一步是开发概念模型，但这种概念模型传统上是非正式的、基于文档的。随着仿真模型复杂度的增加和为单个模型做出贡献的领域专家数量的增加，越来越需要为所研究系统及其环境建立正式的、描述性的模型。这对于复杂系统工程来说尤其重要，因为在复杂系统工程中，需要探索和比较多个系统方案，并随着时间的推移逐渐完善系统方案。每个系统方案的描述模型——描述所关注的系统、环境以及它们之间的交互，可以作为相应分析或仿真模型的概念模型。对这些描述性概念模型进行形式化建模面临了重大的研究挑战。

（1）如何将不同专家用不同建模语言表示的模型以一致的方式组合在一起？

（2）什么样的形式化程度适用于高效的沟通？

（3）在存在组织机构的环境（分布式认知系统）中，建模环境应该具备哪些特征来支持概念建模？

（4）概念模型能够转换为哪些其他形式的表征？这些转换有用吗？实现这种转换的主要障碍是什么？

1.3.3 计算方法

建模的主要目的是拓展人类的认知。通过用数学形式来表达我们的知识，计算机算法中的数学推理规则可以用来得出远远超出人类自然认知能力的系统性结论。例如，仿真使我们能够预测具有数百万状态变量和关系的复杂系统的状态如何随时间变化。推动此类推理算法的发展，以便更快地应对更大的模型，可能仍是工程和科学领域的一项关键能力。除了仿真之外，模型检验的作用也越来越大，特别是对于受发生概率小但影响力大的事件影响的工程系统。

因此，这就产生了以下问题。

（1）计算领域的当前趋势对建模与仿真有什么影响，如何最好地利用它们？

（2）这些趋势将如何改变仿真和推理算法的本质？

（3）用于建模和用于仿真的计算方法的主要差距是什么？最重要的研究问题是什么？

（4）如何更好地利用现有的海量数据，协同推进复杂系统工程中的建模与仿真？

1.3.4 模型不确定性

建模与仿真的目标通常是做出预测，要么是在工程、商业、决策领域中支持决策，要么是在科学领域中获取理解和测试假设。要证明一个模型是正确的是不可能的，因为预测总是不确定的。然而，许多模型和仿真已经被证明是有用的，且它们的结果通常被用于多种目的。为了进一步提高模型的实用性，我们必须建立一个严格的理论基础来描述预测的不确定性。在建模和仿真领域，对于如何更好地描述这种不确定性仍然缺乏共识，关于验证和校核的概念已经提出了各种框架，也提出了各种不确定性表示。

因此，模型不确定性研究面临着以下问题。

（1）对复杂系统中的不确定性进行一致表示和推理的最合适方法是什么？

（2）为了实现和促进重用，描述与仿真模型相关的不确定性的最佳方法是什么？

（3）应该如何融合跨领域的多个专家的知识、经验和信念？

（4）利用庞大和多样化的数据集来描述不确定性和提高模型精度的最佳方法是什么？

（5）在特定场景下加速模型验证的最有前景的方法是什么？

1.3.5 模型重用

虽然建模在工程和科学中已经成为必不可少的，但建立一个好模型的成本可能是相当大的，这就引出了如何降低这些成本的问题。一种方法是首先将领域知识编码为模块化的、可重用的模型库；然后这些模型可以定制并组合成更大的模型。这种模块化方法允许模型开发、测试和校核的成本在多次（重新）使用中分摊。然而，重用也带来了新的挑战。

（1）模型用户如何确信计划实施的模型重用是在模型创建者所期望的使用范围内？

（2）如何描述重用模型的不确定性（可能需要对新环境进行一些调整）？

（3）如何描述由多个模型组合而成的仿真模型的不确定性？

（4）如何加快为不同目的调整和重用模型的过程？模型重用技术的基本限制是什么？

下面的章节将讨论这些主题：第 2 章阐述了上述五个应用领域；第 3 章阐述了关于概念模型的讨论和研究挑战；第 4 章描述了建模与仿真的计算挑战；第 5 章讨论了不确定性及相关的研究挑战；第 6 章描述并提出了模型与仿真重用方面的研究挑战。

建模与仿真长期以来作为系统设计与评估中的一项关键技术，现在正处于一个关键的十字路口。建模与仿真技术面临越来越多的挑战，这些挑战源自需要设计、理解和评估的现代工程系统的规模和复杂性。与此同时，技术进步为建模与仿真技术提供了潜力，不仅可以应对这些挑战，还可以在新的领域提供比目前更大的价值。很明显，通过互联网、社交网络和其他发展，世界正迅速变得更加相互关联和复杂化，变革的步伐正在加快。虽然建模与仿真在过去为社会提供了良好的服务，但现在需要新的创新和进步，以使其继续成为一个不可或缺的工具，来实现对新的和正在出现的复杂工程系统的深入理解和有效设计。

参 考 文 献

[1] Loper, M. （editor）. 2015. Modeling & simulation in the systems engineering life cycle: Coreconcepts and accompanying lectures, Series: Simulation Foundations, Methods and Applications. Springer; 14 May.

[2] Modeling and Simulation Coordination Office (MSCO）. 2016. DoD M&S Catalog. Accessed April 21, 2016. http://mscatalog.msco.mil/.

[3] U.S. House of Representatives. House Resolution 487. July 16, 2007.

第2章 建模与仿真的应用

2.1 引言

建模与仿真提供了一种强大的手段来理解问题，获取对关键权衡的洞察，并为该领域所有层次的决策提供信息。建模与仿真的应用应该由所关注问题的本质以及模型或仿真对于正在考虑或正在应用此方法的问题和领域的适用性来驱动。

首先，本章回顾五个重要的领域，以理解所应对问题的本质，而不是在这些实例中所采用的建模与仿真方法；其次，本章考虑与这些示例相关的共同挑战；最后，本章对所明确的特定建模与仿真挑战进行讨论。

2.2 五个应用领域

下面给出了五个示例应用领域，在这些应用领域中建模与仿真可以提供途径来理解问题，获得对关键权衡的洞察，并为决策提供信息。

（1）城市基础设施；

（2）医疗卫生服务；

（3）自动化汽车制造；

（4）太空任务；

（5）采办企业。

表 2.1 从要解决问题的本质方面对这五个应用领域进行了比较，而不是所采用的特定建模与仿真方法。分别从自上而下的因素、自下而上的因素、人类现象和问题的难度四个方面对这五个领域进行了对比。

表 2.1　五个应用示例的对比

项目	城市基础设施	医疗卫生服务	自动化汽车制造	太空任务	采办企业
自上而下的因素	气候变化的后果；强制移民和宏观经济趋势	对服务的需求增加；慢性病患病率增加；支付模式发生改变	对快速设计、开发、制造、部署和维护的需求	任务对稳健性和灵活性的要求；预算的规模和时间	国会和军队的要求、授权、规定；预算压力
自下而上的因素	对基础设施和垃圾产生、垃圾处理的需求的增加	病人的疾病发病率、病情进展和偏好；服务供应方的投资决定	设计、开发和制造的技术状态；工具、部件和材料的可用性	环境性意外；技术故障；公众对空间探索的支持	不对称威胁；变化的任务；技术全球化；国防工业基础的下降
人类现象	社会和政治力量；个体在消费和使用基础设施方面的偏好和决策	疾病的发展动态；患者的选择；临床医生的决策	设计和开发决策；对已部署系统生产、操作和维护的监督控制	设计和开发决策；地面行动决策	所有层次的决策；部署系统的维护
问题的难度	城市、州和联邦机构的决策分散；基础设施老化	对不同服务的需求的不确定性；科学和技术进步；支付模式的稳定性	对快速自动化的速度需求超过当前水平；对所需部件的不同层次的整合要求十分苛刻	恶劣的环境；极端的距离；几分钟到几小时的通信延迟；维护和修理的不可行性	大量的模型、方法和工具；分散和孤立的决策

2.2.1　自上而下的因素

影响城市基础设施的自上而下的因素包括气候变化的后果、强制移民和宏观经济趋势。相比之下，影响医疗保健服务的因素包括人口老龄化、慢性病流行率上升以及支付模式的改变。这些因素中有许多是城市和医疗保健企业的外生力量。

自动化车辆制造正受到美国国防部提出的快速设计、开发、制造、应用和维护的需求的影响。在广义上的采办企业中也是这样，它们受到国会和军队的要求、任务、规定和预算压力的影响。这些因素对国防事业单位来说是内生的，但对特定的项目来说是外生的。

影响太空任务的自上而下的因素包括任务对稳健性和灵活性的要求，以及预算的规模和时间安排。这些要求是外生的，以至于它们被认为是不可协商的。当然，在需求和预算之间可能存在权衡。

2.2.2 自下而上的因素

自下而上的因素往往来自企业内部，因此可以看作是系统的内生力量。这样的因素通常更适合于预测、控制甚至设计。因此，它们更有可能在模型与仿真中得到明确表示，而不是建模现象的外在部分。

对基础设施、垃圾产生以及垃圾处理的日益增长的需求，是影响城市基础设施的自下而上的因素。医疗保健服务必须应对病人的疾病发生率、病情进展和偏好，以及医疗服务提供者的投资决策。太空任务受到环境性意外、技术失败和公众对太空探索的支持的影响，这三个例子涉及与这些系统需求相关的规模和不确定性问题。

自动化汽车制造受到设计、开发和制造的技术状态以及工具、部件和材料的可用性的影响。采办企业必须应对不对称威胁、不断变化的任务、技术全球化以及在某些领域中日益衰落的国防工业基础，这两个例子与不断变化的需求以及技术性和管理性约束密切相关。

2.2.3 人类现象

行为和社会现象比纯客观系统更难建模，这五个领域在人类现象的普遍性方面有很大的不同。

社会和政治力量，以及个体在消费和使用基础设施方面的偏好和决策，均影响着城市基础设施。疾病的发展动态、患者的选择和临床医生的决策影响着医疗卫生服务。与这些示例相关的许多行为和社会现象都不适合在设计上进行更改。

自动化汽车制造涉及设计和开发决策、对已部署系统生产、操作和维护的监督控制；太空任务同样会受到设计和开发决策以及地面行动决策的影响；采办企业还会受到各级决策的影响，以及部署系统的可持续性。这三个领域的决策制定通常需要不同级别的决策支持。

2.2.4 问题的难度

在基础设施严重老化的背景下，城市、州和联邦机构的决策分散，加剧了解决城市基础设施问题的难度。由于各种服务需求的不确定性、科学和技术进步的影响以及支付模式的稳定性，医疗卫生服务的提供显得非常困难。这两方面的应用面临着需求不确定和管理困难。

对于自动化汽车制造来说，对快速自动化的速度需求超过了当前的技术水平，对所需部件的不同层次的整合要求十分苛刻。采办企业被大量的模型、方法和工具，以及分散和孤立的决策所困扰。太空任务面临恶劣的环境、极端的距离、几分钟到几小时的通信延迟以及维护和修理的不可行性。这三个方面的应用都有技术和工艺上的困难。

2.2.5 共性问题

在所有情况下，所处理的问题都必须放在一个更广泛的背景中进行考虑，这个背景包括影响问题并可能限制解决方案的范围和性质的自上而下和自下而上的因素，以及对将要应用的模型与仿真的选择。换句话说，什么现象是建模与仿真内部的，什么是外部的？

许多模型与仿真没有包括对与所关注问题相关的人类行为和社会现象的详细表征。然而，人工操作员和维护者，以及市民和消费者，是许多问题的核心。人类为系统提供了灵活的、自适应的信息处理能力，但也可能发生失误和错误。对于存在大量人类行为和社会现象的系统中，存在更多的不确定性。

模型与仿真也同样存在人类用户，范围包括从直接基于模型的决策支持到使用模型驱动的证据来支持组织决策过程。现在的技术提供了强大的决策支持环境，使决策者能够沉浸在他们的问题空间的复杂性中。关于这点的证据是越来越多的沉浸式互动可视化，这可以让人们产生“哇”之类的惊叹，但就其对决策的影响而言，人们还没有很好地理解。

所有的例子都或多或少地受到各种可用工具的零散化和不兼容性的困扰。一些领域已经达到了标准化的水平，如计算流体动力学、半导体设计和供应链管理，但在“一次性”解决方案是常态的领域，这是相当困难的。当人们想要构建成千上万甚至上百万个感兴趣的系统时，投资于开发和完善模型与仿真比较容易证明其合理性。当目标是单一任务时，这就更难证明和实现。

所有这五个领域的背后都隐含着关于模型或仿真的假设和问题。模型或仿真的可信度是否被理解、接受或蕴含？不确定性的影响被理解了吗？我们能相信模型或仿真的结果吗？所使用的表征能真的产生涌现行为吗？随着模型或仿真的演化，如何理解当前的配置？模型或仿真是否符合使模型或仿真有效结合的交互标准？

同时还可能要求用户和模型或仿真环境之间存在交互。这可能需要模型或仿真具备更多的智能和弹性，以支持对各种外部刺激的有效响应。至少，它要求模型与仿真的开发人员对模型要支持的用例以及预期用户可能拥有的知识和技能具有深刻的理解。

最后，一项重大挑战是关于实际使用模型或仿真必须克服的必要监管、法律和文化障碍，以及与所关注问题相关的一系列现象，以支撑做出真正的决策。这就要求决策者既信任模型或仿真，又愿意根据所探索场景的可视化模型的输出信息来做出决策。

2.3 建模与仿真的挑战

上面提到的应用领域是模型与仿真几乎无限应用空间的一部分。模型的应用与仿真的应用存在交叉之处，用于特定用途的模型或仿真的必要特性之间存在共性，用于开发模型或仿真的方法和过程之间存在共性，建模与仿真应用挑战之间也存在共性。

作为现实的表征，模型的开发或模型的仿真执行只能到这一步。大多数问题都很复杂，因此需要进行分解以获得解决方案。将问题模块化以使每个部分都可以建模与仿真是相当容易的。困难之处在于对建模系统各模块之间的相互依赖关系的理解。在某种程度上，这是由于在分解或模块化系统时，对这些相互依赖关系的理解不足造成的。人们无法对不理解的事情进行有效的建模与仿真。

由于对重要的相互依赖关系缺乏理解，因此很难明确并充分地表示分解后系统模型中的交互。因此，不可能将模型或仿真应用重新组合成原始系统的表示。由于组合而产生的涌现行为可能复现也可能不复现原系统各模块之间的未识别的关系。换句话说，涌现行为可能是分解的产物，而不是现实的反映。

关于涌现行为的挑战不仅限于模型或仿真应用的组合，这些挑战还延伸到建模的客观现象和组织现象之间的关系中，以及对使用模型的过程的仿真中。这个边界点可以简单地看作是一个接口定义。

接口的概念很简单，但为了对客观现象和组织现象之间的关系以及使用它们的系统或过程进行表征，所需要信息的必要深度是不容易确定的。基于对交互的理解来识别所需信息的深度的方法，是概念建模的有效应用或在仿真中运行概念模型的一个重要挑战领域。

当系统的模型部件之间或更大系统中的模型之间需要交互时，还存在一个挑战，即从一组结构化的模型组件（如，产品线）中自动构建一个运行环境。考虑到所需的信息深度，挑战还存在于了解在运行环境中应包含多少信息，这个多方面的问题包括适当地运行模型或者从仿真运行中获得必要的数据所需要的信息深度的确定。目前，还未发现有效的方法可以在系统和环境之间进行转换。如前所述，人们无法有效地对其不理解的内容进行建模。

概念建模中的挑战还包括将描述性模型从其表示形式转换为可执行仿真系统的过程，这些挑战既存在于模型内容的本质中，也存在于模型运行的计算机环境中。例如，一些概念模型以文本形式存在。如何将用丰富语言表示的模型自动转换到最终用布尔表达式表示的环境中，可能是转换领域中最大的挑战。不那么复杂但同样具有挑战性的是完整地描述模型或仿真，以便自动化方法可以毫无损失地将其从一种表示形式转换为另一种表示形式。

建模与仿真的其他挑战还存在于它们所处的计算环境中。正如在对系统模型组件之间的关系进行建模时遇到的挑战一样，在模型或仿真和它的运行架构之间也存在依赖关系，这在仿真中尤其如此。不合适的运行环境将会在结果中引入未量化的未知量，模型所在的仿真平台架构对模型的影响可能是鲜为人知的。模型作为现实的基本表征，假定是未被破坏的。在访问模型时，通常不会对模型的表征准确性或损坏效果进行评估。它被假设处于与最后一次“接触”时相同的状态，确保模型不受仿真平台架构带来的缺陷影响的能力是目前存在的一个短板。

一旦模型投入使用，由于需要将结果匹配到用户的观点，这就存在挑战。仅仅因为所使用的可视化工具没有以可理解的方式或对用户有用的方式表示结果，模型的可视化或仿真结果的可视化就可能被评估为正确或不正确。还需要对用户需求和偏好进行描述，将其与模型的可视化效果或仿真执行产生的数据集进行匹配，这些挑战可以扩展到比可视化工具更深的层次。描述用户需求并将其与适合问题空间的模型或仿真应用进行自动匹配，可以显著提高模型或仿真的使用效率。

在模型或仿真中，内在现象的表示形式方面还存在其他挑战。目前存在大量的模型表示方法，不是所有的模型构建者或用户都知道这些。模型或仿真用户需要能够评估模型或仿真对各种问题的适用性，这些模型或仿真以用户未知或不太了解的形式存在。将模型或仿真特征从一种形式转换为另一种形式，或者用标准的、可接受的形式表示它们，这在今天仍然是一个挑战。

在模型与仿真的内容与它们存储或运行的平台架构之间的交集处存在的挑战包括：需要方法来确定特定应用中用于支持决策所需的最佳逼真度或分辨率。通常，决策者通过文本或口头提问来表达他们的需求，这就隐藏了将计算简单性和严格性与书面或口头形式的丰富语境相匹配的复杂性。从简单的名词和动词的比较开始，我们就可以在一定程度上找到匹配的方法。然而，名词和动词与计算环境中存在的数学表达式相匹配是不容易的；需要方法来自动执行匹配，并将语言问题分解为更容易匹配计算组件的组成部分，同时要注意语言本身的可变性。初步方法包括允许用户基于计算表达式的表示来选择模型或仿真。

对自然环境的描述，无论是内部还是外部，仍然存在挑战，用逻辑结构来表达生物和社会过程是不容易的。因此，另一种策略是用逻辑结构表达已知的内容，并量化未知的内容。这有助于在一定程度上减轻问题，但仍未解决生物和社会系统不确定性的量化。

特别是，对于由人类行为驱动的环境的表示仍然很具挑战性，如社会经济环境，缺乏相应的方法来表征或理解在涉及人类的系统和环境中没有表示的内容。人的行为可能是即兴的、不可预测的，而且通常不能以类似于物理现象的方式进行建模。未知是一方面的原因，但也因为人类的判断可能非常微妙。

为了对涉及生物（人、动物等）输入或人–人交互结果的交互作用进行建模或仿真，构建的多逼真度、多模态、多领域模型往往涉及非常不同的精度。能够真正做到这一点，并且产生可重复的、可预测的结果是必要的，但是现在还没有办法来实现这一点，也难以验证模型组合或分解。

因此，目前所讨论的挑战还没有包括来自应用领域本身的挑战。模型或仿真的适用性超出了它最初预期的问题空间就是一个这样的挑战，模型与仿真经常根据口碑来进行重用，不管有没有相关的文档。为了一个目的而构建的模型或仿真要在另一个领域有效地使用是具有挑战性的，仅仅因为它不是为特定目的而构建的，并不意味着它天生就不能用于其他目的。挑战在于如何在一个不同的领域验证模型。

建模与仿真几乎存在于今天的每一个活动，然而每个活动领域都有其自己的语言，这通常是领域模型与仿真的基础。将领域语言和知识集成到模型或仿真中具有挑战性，多个领域之间的集成或交互通常是使用语言完成的，这允许对概念进行推理和转换，如何对其进行扩展以促进多领域模型集成？

许多模型与仿真永远不会被淘汰。这样的模型与仿真通过修改而不断演化。有没有可能对为模型演化而进行的修改类型进行描述？如果有可能，如何描述？什么时候有必要将一个模型定义为新的模型？由于模型变更，什么时候不能再认为模型是验证过的？回答这些问题是有必要的，因为演化的模型与仿真需要得到信任。

最后一个挑战仍然是理解并将模型或仿真描述为一个完整的实体，以供将来使用或签订合同等。要对模型或仿真进行完整的描述，首先需要理解“完整”在一个领域中的含义，对于模型或仿真的使用也是如此。需要将模型或仿真在一个领域或生态系统中的使用连接起来，以充分理解模型或仿真的边界条件、可扩展性、历史和当前使用状况。

第 3 章 概念建模

3.1 引言

在过去的十年中，建模与仿真领域对“概念建模”的兴趣和关注越来越多。概念建模一致认为是解决大型和复杂的建模与仿真项目问题的关键，但没有得到很好的定义，在最佳实践上也没有形成共识。“重要”和“没有被很好地理解”似乎使概念建模成为重点研究的目标。

人们可以将概念模型定义为：整合并提供各种更专用模型需求的“早期”产品。在这个观点中，概念模型提供了一个基础，从这个基础可以开发更形式化和更详细的抽象，并最终细化为分析模型（如用于仿真）。然而，“早”和“晚”是相对的术语，适用于开发的每个阶段。例如，构建一个分析模型可能涉及在实现和运行之前对独立于软件的系统分析（概念上的）进行描述（即建模）。因此，可能存在多种“早期”模型：现实系统的概念性模型和系统分析的概念性模型；随着对目标系统的理解的成熟以及系统分析设计和实现的逐步推进，概念模型可能会有多个版本。

在现有的研究中，存在多种概念模型，它们有时用不同的术语进行区分。在2013 年，Robinson 用“概念模型”来指代“仿真模型的非软件的具体描述，……描述（仿真）模型的目标、输入、输出、内容、假设和简化”，用“系统描述”来指代从“真实世界”中派生出的模型，从系统描述中可以得到计算机模型的两个阶段（Robinson，2013）。在 2012 年一篇指导性论文中，Harrison 和 Waite 使用“概念模型”来表示“对参考系统（现实）的一种抽象和简化”（Harrison 和 Waite，2012），而不是 Robinson 的“系统描述”。

在这种背景下，我们需要更好地理解构建概念建模的工程方法。

（1）如何使目标系统（或参考系统）和目标分析的概念模型明确且无歧义；

（2）概念建模的过程，包括涉及多个利益相关者的沟通和决策；

（3）用于构建概念模型的体系结构和服务。

回答第一个问题（即明确性）需要考虑描述概念模型的范式，以及基于这些范式的语言，这些在 3.1 节中讨论；第二个问题（即过程）将在 3.2 节中讨论；第三个问题涉及模型工程的架构，以及向概念建模人员提供的服务，在 3.3 节中讨论。

3.2 概念建模语言/范式

一个得到清楚表征的概念模型，无论是描述所关注的系统（用 Robinson 的术语是参考系统）还是所关注系统的分析模型，都是使用某种语言来进行表达，这种语言可以是形式化的或非形式化的、图形的、文本的、数学的或逻辑的。目前，最常见的情况是，概念模型是使用草图、流程图、数据和伪代码的组合来表示的。对这些技术的含义缺乏普遍的一致意见（即存在歧义），这就限制了可以提供给工程师的计算辅助，将概念建模纳入建模和仿真工程方法需要更明确和形式化的概念建模语言。然而，概念建模必须以领域工程师可读的方式进行，他们可能没有接受过使用所需范式的培训，在 3.3.1 节中对这方面进行讨论。此外，形式化的概念建模既应用于分析中也应用于参考系统中，这就带来了关于各种仿真方法的问题，如 3.2.2 节所述。模型集成的形式化将在 3.3 节中讨论。

3.2.1 领域特定范式

在数理逻辑中，范式是模型和证明理论在语言中的应用，以增加从已有陈述推断新语句的信心（Bock et al.，2006）。然而，在实践中，不管是否有同行评审来确定结果，大多数数学家在定义和证明时都比较随意。我们希望概念建模范式是严格的方法，至少在数学实践意义上是这样的，从而用来研究参照系统和分析模型。形式化的方法比非形式化的方法拥有更少、更抽象的类别和术语，能够促进跨工程领域的集成和分析工具的构建。然而，通过使用更抽象的语言，形式化方法往往与应用领域的通用语言相距甚远，难以被领域专家轻松理解，而且在工程实践中的使用也过于繁琐，如在空中交通管制、战场管理、医疗保健系统和物流中。更领域化的范式将不仅对领域专家描述他们的系统时有用，而且对那些必须将系统描述转换为分析模型并维护它们的技术或建模专家，以及可能需要参与验证的其他人员来说，都是有用的。

逻辑建模是一种广泛应用的领域知识形式化方法（通常称为本体，更具体地说是描述逻辑 Baader et al.，2010）。本体可以支持获取模型结构中不断增加的细节级别，也可以支撑培训和沟通。例如，在对一个生态系统进行建模时，我们从用自然语言表达的单词和短语开始，如池塘、有机体、生物物质和昆虫。有些词代表类别，而另一些则表示属于这些类别的实例。同样，暗示动作的词语将反映一些行为，这些行为是动态系统描述规范的核心。单词和短语可以通过关系连接起来，形成语义网络和概念图。语义网络（参见 Reichgelt，1991）起源于围绕联想记忆的认知理论（Quillian，1968），而概念图（参见 Novak，1990）则起源于以学习为目的的联想网络理论，两者都对获取专业知识至关重要；两者都与描述逻辑密切相关（Sattler，2010; Eskridge and Hoffman，2012）。

构建参照系统的显式和形式化概念模型需要本体和适当的知识表示。人们已经提出了多种现代建模语言并应用于不同建模需求，包括软件系统建模（UML OMG，2015b）、通用系统建模（OPM Reinhartz-Berger and Dori，2005; SysML OMG，2015a）以及军事领域的建模系统（UPDM/UAF （OMG，2016），DoDAF（US Department of Defense，2016a）， MoDAF（U.K. Ministry of Defense，2016）。也已经有研究人员提出领域特定的建模语言（DSML），如用于业务流程建模（OMG，2013）和用于生物系统建模的系统生物学标记语言

（SBML）（Finney et al.，2006）、系统生物学图释（SBGN）（Le Novère et al.，2009）等。当然，通用语言也可以被专业化到某个领域。除了将本体用于领域、方法和过程的表征之外，用于表示知识以及诱导约束和相互依赖关系的领域特定建模语言也将有助于减少建模过程中的不确定性。例如，用于回答使用什么样的建模方法、运行算法或稳态分析引擎等问题。因此，用于建模和仿真方法的本体和领域特定建模语言在需求阶段肯定是相关的，在需求阶段需要决定使用哪种范式以及如何运行模型，用于验证和校核大量方法的本体和领域特定建模语言也是一样，适当的本体（如果得到正确的应用的话）将有助于确定解决方案。

虽然这些方面的发展是建立建模和仿真工程方法的一个重要因素，但它们还远远不够。本体没有充分应用于形式化的和领域特定的建模语言，在将形式化范式与工程领域联系起来方面留下了一个很大的缺口。许多形式化语言和领域语言的可用模型只对术语进行分类，而不是对术语的语义进行分类，因此不能利用领域知识来提高形式化计算的效率，或将这些计算结果反馈到领域。例如，本体可用于 Petri 网，这是一种广泛使用的仿真范式，但这些本体只是形式化的术语，用于可靠的 Petri 网模型交换，而不是支持它们跨工具的统一运行（Gaševića and Devedžić，2006）。此外，如果一个领域中还没有足够的领域特定建模语言，每个应用建模人员就必须开发特定于问题的本体并在领域特定建模语言中描述特定于问题的知识。在一个特定领域内，如物流，领域特定本体和建模框架的创建将支持该领域内的所有建模者（Huang et al.，2008 McGinnis and Ustun，2009；Thiers and McGinnis，2011；Batarseh and McGinnis，2012；Sprock and McGinnis，2014）。形式化语言和领域特定语言建模方面的研究工作还处于早期阶段，包括语义和术语以及如何将它们集成到实际使用中（Mannadiar and Vangheluwe，2010；Bock and Odell，2011），但在过去 10 年中出现了一些成果。这是未来研究和发展的一个重要领域。

语言建模（元建模）已经成为一种广泛使用的方法，用于准确定义领域特定建模语言的抽象语法（省略了详细的可视化方面内容的那部分语法）。元模型是建模语言的模型（Karsai et al.，2004），用元建模语言进行表示（Flatscher，

2002)。在目前的实际应用中，存在几种元建模语言，包括从非正式的图形化语言，如统一建模语言（UML）类图和对象管理组织（OMG）使用的对象约束语言（OCL）（OMG，2015b）（OMG，2014）、Eclipse 建模框架（Eclipse Foundation，2016a）或 MetaGME （Emerson and Neema，2006)。一种基于代数数据类型和带有固定点的一阶逻辑的形式化元建模语言是 Microsoft Research 的 FORMULA （Jackson and Sztipanovits，2009)。

元建模可以用于描述领域特定建模语言的图解语法，以及在此之上的抽象语法。例如，Eclipse 的图形建模项目（Eclipse Foundation，2016b）和 WebGME（Institute for Software Integrated Systems，2016）等语言提供了一个图形化的元建模环境，并且能够将创建的元模型自动配置到领域特定建模环境。图解语法的元建模还可以实现工具和图形渲染之间的标准化交换（Bock and Elaasar，2016)。

元建模在准确定义领域特定建模语言的语义方面起着重要作用。例如，FORMULA 的约束逻辑编程能力可以指定转向形式化语言的模型转换，从而用于定义领域特定建模语言的语义（Simko et al.，2013)。可以对 UML 的元模型中与描述逻辑重叠的部分进行扩展，以用于描述 UML 中使用时间关系模型的模式，从而提供对 UML 行为语法的语义进行形式化描述的基础（Bock and Odell，2011)。

开发领域特定建模语言的其他方法包括开发一个作为 Simulink 语言的子集的领域特定建模语言，实现途径是通过定义运行语义，而不是创建一个元模型（Bouissou and Chapoutot，2012)；或者类似地，基于抽象语法和运行语义开发一个系统生物学的领域特定建模语言（Warnke etc，2015)。

3.2.2 仿真范式的统一理论

概念建模不仅适用于所关注的系统，而且也适用于该系统的分析。我们对所关注系统的理解是源自我们对它的最早概念，并随着通过系统模型的开发获得更深层次的理解而不断演化。同样地，我们对分析本身的理解也可以随着我们更好地理解所关注的系统并开始详细阐述我们的分析模型而不断发展。为了支持仿真分析的概念建模，首先应该有本体、语义和语法来形式化定义一个仿真，这似乎是合理的。与其他分析（如优化）的情况不同，这个要求在仿真中还没有得到满足。已经有学者研究提出一些结构来作为仿真范式；然而，在最佳方法上没有形成共识。就像各种计算模型为计算机科学理论提供了基础一样，对不同仿真范式的考虑将进一步推动稳健的仿真理论的发展。

目前，存在一些通用离散事件仿真的范式，有些范式在工业中得到了应用，有些没有。例如，离散事件系统（DEVS）语言（Zeigler et al.，2000）提供了离散事件系统的精确数学定义，而且也有许多计算实现，因此它在提供仿真编程语言和相关的数学描述规范方面是独一无二的。然而，它在工业上并没有被广泛使用，部分原因可能是需要使用状态机来表示所有行为。一些流行的离散事件仿真语言或环境，如 Arena （https://www.arenasimulation.com）、FlexSim （https://www.flexsim.com）、Simio （http://www. simio.com）和 Tecnomatix Plant Simulation（https://goo.gl/XmQGgN），提供了一种具有语义和语法的编程语言，但没有相应的形式化定义。在某种程度上，这是由于许多商业仿真语言的目的是支持特定领域中的仿真，如 Tecnomatix Plant Simulation，这自然地反映在这些语言的语义中。

另一个研究方向是通过动态系统和计算复杂性理论来看待仿真，这尤其适用于研究复杂的社会耦合系统。Mortveit 和 Reidys（2008）、Barrett 等（2004,2006）、Adiga 等（2016）、Rosenkrantz 等（2015）对基于网络科学和图形动力系统的形式化计算和数学理论进行了研究。理论框架允许人们研究与仿真有关的形式化问题，包括：①计算相空间属性的计算上下限；②设计问题：如何设计仿真以实现一个特定的属性；③推理问题：如何理解导致观察到的行为产生的条件。

实现建模与仿真的工程规范将需要一套更完整的范式，包括从严格的离散事件、连续和随机系统规范到更高级别（可能是领域特定的）仿真语言。在某些领域，那些结合了严格的数学语义和便捷的建模工具的领域特定建模语言已经得到了应用。例如，在细胞生物学领域，或集体自适应系统（通常基于连续时间马尔可夫链语义）。又如，一些专用的生物学仿真语言是基于数学形式的，如 ML-Rules （Helms et al.，2014）、Kappa （Harvard Medical School，2016）或 BioNetGen （BioNetGen，2016）等。然而，总的来说，这对建模与仿真领域来说仍然是一个非常重大的挑战。

3.3 概念模型开发过程

模型开发是一个具有挑战性和高度复杂的过程，需要回答许多问题，本节将对此进行讨论。目前，在建模领域以及在整个建模与仿真中，形式化知识的缺乏，阻碍了以系统化、有依据的方式来回答这些问题。提供这些形式化知识，将约束开发决策和开发过程本身的设计，减少模型生命周期工程中的不确定性。3.3.1 节给出了模型开发过程的背景，并分析了与这些过程相关的问题。3.3.2 节和 3.3.3 节（有效性和成熟度）描述了减少建模过程中引入模型缺陷的互补方法，这些有助于避免在建模完成后对模型进行高难度和高成本的修改。在开发期间将模型缺陷减少到零是不可能的，这就需要在模型构建之后进行验证，模型验证的结果在模型开发期间也是有用的。综上所述，这些领域的进展可以通过提高模型开发过程的质量来显著增强模型的可信性。

3.3.1 动机与研究方法

建模与仿真的目的是提高我们对系统行为的理解：一个系统 S 的可执行模型 M 加上一个实验 E，使得实验 E 能够应用到模型 M 来回答关于系统 S 的问题（Cellier，1991）。从根本上说，仿真就是对模型进行实验。概念模型 C 是系统 S 的连接性描述，模型 M 和实验 E 都是在此基础上发展起来的。在科学实验中，我们寻求理解自然系统的行为；在工程学中，我们寻求设计能表现出期望行为的系统。因为模型与仿真系统本身就是复杂系统，从问题到解决方案几乎不可能一步完成。建模与仿真所涉及的过程需要不同程度的人机交互，不同的计算机资源，基于不同程度形式化定义的异构的、部分不确定的知识，并涉及不同类型的专家和用户。数据、知识、过程和业务流程随着待建模的系统、待回答的问题和用户的不同而有所区别。在这些过程中，会生成不同版本的模型和产品，它们需要相互关联起来。

模型生命周期工程（Model Life Engineering，MLE）描述了开发、校核、验证、应用和维护模型的反复迭代过程，模型生命周期工程是一个需要大量研究和探索的领域，从而满足社会的需求和问题。模型生命周期工程与工程设计或软件工程生命周期有何不同？在某些情况下，在这些相关的基础上我们可以试图将模型生命周期工程打造为建模与仿真的一个分支学科。模型生命周期工程可能将包含构建模型与仿真的各个阶段，从需求开始，然后持续到其他阶段，如设计、分析、实现、校核和验证（V&V）和维护。

模型生命周期工程的概念和方法不应局限于构建模型 M 和实验 E，它们也应该应用到概念模型 C 中，用于描述系统 S 并开发模型 M 和实验 E。显然，这要求概念模型 C 以一种能够应用模型生命周期工程概念和方法的形式来表示。

然而，任何类型的生命周期工程的基本原则都是确保未使用的资源（如金钱和时间）与剩余的工作是相称的。对于具有大量新内容的复杂系统，通常在剩余的工作量和资源消耗率方面都存在相当大的不确定性。因此，储备资源是为了防止因不希望的结果而损耗资源。根据这些原则，模型与仿真开发的生命周期方法应该包括对以下问题的回答。

（1）目的和范围描述。谁是模型的涉众？他们的关注点是什么？尤其是，我们希望通过建模来了解系统行为的哪些具体方面？这些答案构成了相关概念模型的背景。确定利益相关方和关注点是一项复杂的工作，涉及广泛的学科，可能还包括政治和行为科学。例如，关于能源生产、分配和消费的宏观经济仿真会正确地认识到公众是利益相关者，但简单地要求公民个人列举他们的担忧只会适得其反，因为普通民众可能不理解他们在大气二氧化碳和二氧化硫排放中的作用。因此，可能有必要提出一种方法，将观点研究同教育结合起来，并且面向特定的公共利益代理人进行宣传。

（2）现象表征。参照系统是连续系统、离散事件系统还是离散步进系统？随机因素或空间因素重要吗？系统中哪些元素引起了所关注的行为？哪些学科与所关注的行为相关？对这些问题的回答将有助于确定概念模型的内容，可能还有助于确定应该如何表达它。确定了问题之后，为了充分解决这些问题而确定科学现象的范围就不一定简单了。例如，如果利益相关方关心饮用水的可用性，在某些情况下，仅考虑水文现象就足够了。在其他一些情况下，也有必要考虑社会、经济和政治现象。决策最终当然会涉及评估，但研究可以阐释可能对这种分析有用的原则和技术。

（3）形式化范式表征。什么样的形式化范式最适合描述相关的系统元素，并以输入–输出关系的形式描述所关注的现象？概念模型必须支持这些形式化范式。形式化范式的选择将取决于被建模系统的性质，由上述的现象表征决定。一旦确定了系统的性质，如何才能最好地描述它？例如，对于一个连续的系统，框图是最合适的，还是系统动力学，或者像 Modelica （Modelica Association，2014b）这样的面向对象方法？将使用什么数学公式来以输入–输出关系的形式描述所关注的现象？微分方程？统计模型？逻辑模型？一个给定的现象可以用不同的数学方法来描述，这主要取决于所考虑问题的性质。如果我们主要关注长期的平均行为，我们可能会选择一个集总参数的描述，假设所有短期变化随时间自抵消。另外，如果我们关注的是罕见的极端事件，将需要一个能够准确描述高阶动力学的特性表示。研究可以帮助我们更好地理解如何从一个给定的参考模型中推断出可能的数学形式范式，以及如何从一个有用的数学形式范式中提出对参考模型的要求。

（4）算法表征。将选择什么求解算法来计算输入–输出关系？什么校核测试用例是合适的？由于概念模型 C 是从系统 S 到计算模型 M 的桥梁，理解和适配特定的目标算法实现是很重要的。例如，典型线性最小二乘问题可以更简洁地表述为所谓的正态方程，但在实践中，正态方程比性能更好、效率更高的正交三角化在计算上更复杂。这些都属于数值分析的内容，数值分析是一个拥有数十年完善理论和实用技术的成熟领域，但需要融合到建模与仿真方法中。

（5）模型校准。什么数据可用来校准和验证模型 M？是否有必要校准概念模型 C？如果有，如何校准？如何验证概念模型？

（6）交叉验证。是否存在可以用来交叉验证新模型的其他模型？如果存在其他现有的概念模型 C，如何比较它们从而支持交叉验证？

这些问题需要在模型工程生命周期的需求阶段加以解决。然而，这些问题的答案可能会在随后的阶段进行修订。从这一点开始，传统软件开发生命周期应考虑的因素开始适用。此外，还需要特别考虑对模型变体及其相互依赖性的验证和校核。为了理解如何才能有助于回答上述问题，需要开展以下研究：如何管理模型的演化过程以及模型整个生命周期中所涉及的数据、知识、活动、过程和组织人员？

管理模型的生命周期过程是模型工程的重要任务之一，需要突破一些研究方向。例如，如何结构化地描述建模过程，如何识别模型构建和管理中所涉及活动的特征，以确保提高模型质量和开发效率，降低全生命周期成本。

有些决策，如选择哪个执行算法，甚至可以通过利用机器学习方法来得到自动支持（Helms et al.，2015）。然而，这些决策的自动解决方案需要衡量标准来明确区分好的选择和不太合适的选择。对于某些决策，如选择建模方法，提供合适的衡量标准仍然是一个开放的挑战。了解某一种方法的使用限制，以及在未来活动中使用该方法的依赖关系和影响，将减少整个过程中的不确定性。

在模型工程中，对于下一步该做什么以及使用哪一种方法等问题的有依据的答案在很大程度上决定了模型工程过程的效率和有效性。关于这个问题，为了协调建模工程中涉及的各种过程，可以利用基于工作流的方法使这些过程显式化和可跟踪。这些方法有助于促进模型生命周期工程的不同阶段的评估，包括模型的验证和校核，从而增加了建模与仿真的可信度。然而，这需要将这些过程高度标准化，这对于验证或校核的特定子过程可能是可以实现的。例如，给定一个特定的模型，如何运行和分析参数遍历。然而，仿真研究的整个过程是高度交互的，因此人们可能只能对设计的产品定义通用约束。又如，当概念模型（如果我们将概念模型理解为是对涉及仿真模型的需求或不变量的一种表征）发生变化，那么过程模型的阶段也发生变化，需要一个新的验证阶段。

3.3.2 有效性度量

在基于模型的工程（Model Based Engineering，MBE）方法中，开发团队在整个系统生命周期中演化出一组模型，以支持开发中的系统设计、分析和验证。这些模型旨在表达关于系统的综合性知识，以便在开发团队和其他项目相关人员之间进行交流和共享理解。项目领导必须不断确定在生命周期的任意给定点必须获得什么知识，以最大限度地提高项目成功的可能性。要获得的知识类型可以帮助确定应该进一步开发和更新的设计和分析模型的类型。

这种知识可以通过执行涉及不同类型模型的工程任务获得。例如，开展贸易研究以选择系统架构，开展分析以确定系统错误预算，更新电气、机械或软件设计，或分析特定设计的可靠性、安全性、可制造性或可维护性。随着系统复杂性的增加，以及拟开发系统的组织复杂性的增加（如地理上分布的大型团队），确定所需要的知识内容就变得更加具有挑战性。

这里的研究挑战是定义一个或多个有效性度量，这些度量可以在整个系统生命周期中指导知识获取过程和相关的模型开发和演化。换句话说，如何确定在每个时间点上对项目相关人员最有价值的额外知识是什么？这项研究可以从多年来收集的数据中受益，从而找到解决方案。例如，图 3.1 所示的趋势图是典型示例，表明了收集特定种类的知识对系统开发的总成本的影响。

在图 3.1 中，较低的曲线反映了作为项目生命周期阶段的函数的支出占总生命周期成本的百分比。如前所述，大部分成本花费在生命周期的后期阶段。然而，如图 3.1 中较高的曲线所示，对于生命周期成本的某一特定百分比值，预算中达到这一百分比值出现的时间比实际中要早得多。这一发现表明，基于现有知识的早期设计决策的重要性。作为产品生命周期中缺陷被检测到的阶段的函数，修复缺陷的成本呈指数增长（Boehm，1981；McGraw，2006）。尽早获取表面缺陷的相关知识，可大大降低系统的全生命周期成本。

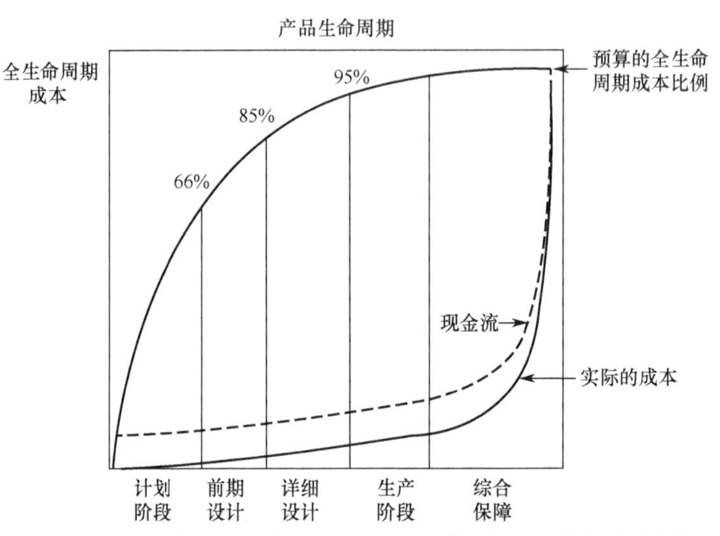

图 3.1　预算的和实际的生命周期成本（Berliner and Brimson，1988）
引用（Blanchard 1978）

下面给出研究中需要考虑的一些因素。

（1）在系统开发生命周期的特定里程碑上融合知识目标；

（2）有助于知识融合的知识元素；

（3）与所关注系统及其环境的各个方面相关联的知识元素；

（4）与在每个时间点获取知识元素相关的价值函数，以及它对项目成功概率的影响；

（5）在生命周期的给定时间点获取知识元素的成本；

（6）在生命周期的给定时间点获取错误知识的成本；

（7）有效性度量（价值和成本）与更传统的风险度量之间的关系。

可以将整个生命周期的知识获取看作是一个轨迹，其目标是最大化项目成功率。由于知识要素之间存在依赖关系，知识的价值函数既取决于知识要素，也取决于知识要素获取的顺序。例如，在车辆开发的概念阶段，获取车辆尺寸和系统级功能方面的知识以满足任务性能要求通常是重要的，但获取详细的软件设计算法方面的知识可能并不重要。

3.3.3 成熟度模型

软件开发的能力成熟度模型（CMM）对保证软件项目的成功起到了关键作用（Paulk et al.，1993）。CMM和CMM集成（CMMI）起源于软件工程，但多年来已经应用到许多其他领域（CMMI，2016a）。然而，在建模与仿真中，并没有类似的对建模与仿真过程进行标准化和系统化评估的方法。一些相关研发成果可以作为建立建模与仿真成熟度模型的参考。

（1）软件生命周期模型描述了软件开发的核心过程。遵循模型开发的公认过程，首先要理解和执行组织所选择的开发路线中的核心活动。软件生命周期模型是公认的核心开发过程的一个示例，无论选择的生命周期模型是典型的瀑布模型或更现代的迭代版本，都包括需求开发、设计、实现、集成、测试等方面，以一种最适合组织规模、项目规模或客户和开发人员的约束的方式对这些方面的内容加以利用。

（2）软件CMMI或开发CMMI表明了通用软件开发成熟度的成功。CMMI最初是由卡内基·梅隆大学和联邦资助的软件工程研究所（Software Engineering Institute，SEI）开发的。CMMI研究所报告称，每年在几十个国家完成数千项CMMI评估（CMMI，2016b）。CMMI可以使组织的成熟度得到认可和认证，并且有能力在特定的水平或专业知识程度上执行预期的活动，这为这些活动开发的组件提供了可信度。CMMI为单个过程领域的过程提升度评估能力级别，因此组织的某个部分可能在配置管理的四个级别中被认定或认证为3级，而在维护的四个级别中被认定或认证为2级。CMMI为多个过程领域或一组过程领域中的过程提升度评估成熟度等级，并应用于被评估/认证的组织范围，例如部门、分部或整个公司，其中级别5是可达到的最高成熟度级别。

（3）联邦开发和执行过程（the Federation Development and Execution Process，FEDEP）描述了仿真开发的核心过程。FEDEP最初发布于1996年，是仿真开发的第一个通用过程，专门用于指导构建高级体系架构（High Level Architecture，HLA）的联邦（IEEEStandards Association，2010）。这些通用的方法和过程包括6个步骤：①定义目标；②开发概念模型；③设计联邦；④开发联邦；⑤集成和测试；⑥运行和准备结果。这 6 个步骤包括作为每个步骤的输入和输出的具体工作产品。这些步骤和 FEDEP 过程并行化了软件开发过程，可以作为模型和仿真开发核心流程的初稿，为考察一个组织在稳健性、可靠性、可重复性开发可信模型和仿真方面的能力提供一个基础，即确定组织或组织部门的能力和成熟度。

（4）体系描述了系统工程中可能存在的推论（Zeigler and Sarjoughian，2013），美国国防部体系结构框架（DoDAF）描述了仿真多视图的概念（US Departmentof Defense，2016b）。

以 CMM/CMMI 为基础，可以通过以下方法建立建模与仿真过程能力成熟度模型（MS-CMMI）：①通过分析复杂系统建模过程和仿真的特征，发现建模与仿真过程和软件开发过程的异同，然后定义建模与仿真过程的指标和度量标准；②建立 MS-CMMI 评估系统（评估方法、标准、工具、组织等）来评估模型开发人员或模型用户（使用模型进行仿真）的结构化能力水平。

实现这些目标需要在以下方面开展研究：①定量分析建模过程中的复杂性和不确定性；②优化建模过程；③建模过程的风险分析和控制；④定量衡量模型生命周期质量和成本；⑤与 CMMI 的概念映射；⑥识别和描述在建模和仿真成熟度模型不同级别所需的过程和工作产品，何时、为什么需要它们以及由谁执行它们。

3.3.4 验证

随着仿真模型变得越来越复杂，验证概念模型并理解它们在更广义的验证过程中的作用将继续成为重要的研究领域。当然，对验证概念模型的理解取决于“概念模型”和“验证”这两个术语的精确定义。我们认为，在第一个术语上需要更好的共识，而仔细回顾关于验证的文献将揭示第二个术语的共识。

这一点在建模与仿真的实践领域中尤其明显。例如，训练和工程领域与更广泛的建模与仿真领域存在交集，但在这些领域中建模与仿真利益相关方大量地依赖于基于不同于建模和仿真角色的科学原则和方法的技能集。建模与仿真领域面临的挑战是如何从整体的角度强调普遍适用的概念，如概念模型中的验证，其理论能满足所有利益相关者，而技术则与一系列广泛的问题相关联（在所述的示例中，是指对社会科学家和工程师都有用的仿真理论和技术）。

考虑以下几个简单的问题：验证一个概念模型意味着什么？适用于特定用途的概念模型如何影响其他仿真流程产品的开发？仿真活动中的各涉众如何使用概念模型，是否有效？一些研究人员认为，这些问题在他们的特定领域很容易回答，但不同领域的结论截然不同。因此，在本节的讨论中，我们在尽可能广泛的背景中考虑有关术语。

将建模范式视为概念模型集合上的等价类，每种范式都具有概念建模语言或形式化范式的定义特征。这些特征将概念模型的每个实例定义为属于某一个类，或者也可能不属于任何类。作为一个成熟的理论，还进一步需要性质和定理，以实现对每个类的所有元素进行一般推理，而不需要依靠构建、编码和执行每个实例来理解它的性质。当我们开发出更严格和明确的概念模型来连接参照系统和计算机仿真时，验证方法将变得更加重要。

包含概念模型的仿真框架允许对相关产品进行并排比较和讨论。例如，Balci 和 Ormsby（2007）、Petty（2009）和 Sargent（2013）提供了包含这样概念模型的框架。概念建模的发展将催生对新框架的需求，以解释概念模型的属性，以及它们、参考系统和计算机仿真之间的关系。

一些研究人员会认为概念模型是适合用于分析适用性的产品，尽管关于验证理论的近期工作正致力于研究在使用特定类型仿真的决策中所隐含的风险以及仿真中错误的传递，但还需要更多的基础研究来形成一个稳健的基于模型的决策理论。准确性是很容易理解的，特别是在基于机理的模型中，但它在仿真中的使用并没有得到很好的定义。在决定用哪种仿真来指导特定的决策时，可接受性标准往往是主观的，很少存在将决策分析客观化的理论。一个成熟的基于模型的决策理论将在决策理论的语言中重新定义验证，以严格的方式定义使用，明确区分使用决策的客观因素和主观因素，并为使用模型和仿真来指导决策提供一个可辩护的基础（Weisel，2012）。

从逻辑上讲，涉及概念模型验证理论进展的下一步是在仿真开发环境中纳入这些进展。随着模型生命周期工程领域的发展，需要工具来验证概念模型以跟上发展的步伐。随着概念建模语言和形式化范式成为仿真开发环境中有用的补充，在更广泛的验证过程中使用清楚定义的概念模型工具将提高仿真最终产品的质量和可辩护性。

众所周知，最好在开发过程的早期就对验证加以考虑——对概念模型应该也是这样。正如开发环境将从开发过程中严格应用概念模型中获益一样，从生命周期的早期阶段考虑验证也将是有益处的。我们需要新的技术和工具来将概念模型的验证纳入到整个仿真生命周期中。

3.4 概念模型架构和服务

对于大多数类型的领域问题，都存在许多建模范式，这些范式适用于许多工程学科。理解复杂系统需要将这些集成到一个通用的可组合推理方案中（NATO Research and Technology Organization，2014）。软件和系统工程领域已经使用架构框架克服了类似的挑战（如 OMG 的统一架构框架（OMG，2016），但是建模和仿真并没有类似成熟的集成框架。3.4.1 节将关注概念建模的架构，3.4.2 节将对支持这些架构所需的基础设施服务进行阐述。

3.4.1 模型架构

建模体系架构的基础应该是模型的基础理论，用于支撑可重用性、可组合性和可扩展性。什么样的模型理论能够支持模型体系架构的实现？对现有建模和集成范式的认知研究是发展模型理论的必要条件。这应该包括建模范式、语义、语法的分类，以及将它们分解成在跨范式的公共规则下运行的基础类型，以便根据复杂系统的需要对它们进行集成。

要对使用不同范式开发的、不同类型的模型进行统一，就需要模型体系架构。体系架构是描述接口、运行规则和跨建模范式的公共属性的黏合剂，使模型能够在多个概念抽象级别上相互连接。什么对连接是有意义的？什么是没有意义的？架构远远超出了传统的模型转换和网关，尽管它们对于理解多范式建模过程也是必不可少的；架构是关于在多个领域的不同抽象级别上持续共存和共同进化。一个模型体系架构框架如何关联根据不同机理运行的模型？例如，关键基础设施保护需要关联国家、电网、互联网、经济、指挥和控制等。战斗车辆的生存能力需要关联人、材料、光学、电磁学、声学、网络等。需要什么样的机制来有效地在不同法则集之间进行交互（如分层架构）？当不同的法则组合在一起时，需要什么样的粒度才能产生涌现行为？应该如何实现模型体系架构，使用哪种格式，使用哪种工具？随着模型体系架构的成熟，在学科之间最常见的可重用互联方面，应该形成有效的设计模式。在每个所关注的领域中这些设计模式是什么？

模型体系架构设置了规则，以便有意义地对不同领域的模型进行互联。为广泛的建模范式归纳和发布规则，能够支持对符合体系结构的模型进行组合和重用，并且能够支撑实现复杂系统的仿真。我们以一个计算机辅助设计（Computer-Aided Design，CAD）模型来作为跨领域互联模型的示例，该模型用节点和剖面来表示物理三维对象。在 CAD 范式中，对象可以合并以实现互联。一个相关的有限元模型（Finite Element Model，FEM）表示边界层级之间物理定律的连续微分方程。它可用于计算燃烧过程中的流体动力学。有限元模型不仅可以在物理定律的级别上进行互联（例如，从燃烧产物的分布计算温度分布），还可以在网格级上与 CAD 模型相互连接。计算机图形模型能够显示从特定角度看到的对象。它与 CAD 模型和有限元模型互联，将材料和温度映射到剖面上，从而达到在传感器视场内生成红外场景图像的目的。监视系统的功能模型可以表示作为任务功能而改变传感器模式所涉及的离散事件，功能模型在传感器参数级上与计算机图形模型互联。最后，业务流程模型可以表示指挥官的任务计划，可以通过改变任务与功能模型实现互联。

我们必须制定评估指标，以说明模型体系架构如何促进多范式、多机理、多分辨率模型的组合。必须使用有意义的、一致性的度量标准来对照跨学科需求检验模型体系架构的性能。我们如何测试一个特定组合的有效性？如何在大规模复杂仿真中有效地进行？一个非专业人士怎么能做到？模型体系架构框架应该包括哪些机制来支持对概念一致性的检查？

集成的复杂性以及单个组件的自由度与集成的自由度之间的耦合还有待研究。当将一个模型集成到一个复杂仿真中时，哪些细节可以被忽略但同时仍然可以确保模型的有效使用？哪些细节是不能忽略的？

可靠的模型集成依赖于所使用语言的充分形式化，如 3.1 节所述。特别是，所关注的（参考）系统和分析模型的形式化概念模型可以通过模型转换来为自动化构建大量分析模型提供基础。例如，考虑一个机械部件或集成电路的设计。用于指定这些参考对象的 CAD 工具使用一种标准化的表征，该表征具有形式化的语义和语法。对于特定类型的分析，如集成电路中的响应，基本上只需按下按钮即可进行仿真。参照系统的形式化描述可以使某些分析能够自动化。该模式得到了很好的验证，如使用业务流程建模符号（Business Process Modeling Notation，BPMN）来定义业务流程，然后自动将该模型转换为硬件/软件的实现描述。对象管理组开发了用于模型转换的标准语言。目前，在系统建模中应用这种方法的验证非常有限。这种自动化模型转换描述了如何基于参照模型来构建分析模型的知识，所以也许最基本的问题是：这些知识应该置于何处？应该在参照系统的建模语言中描述吗？还是在分析的建模语言中？是在模型转换中？或者应该遍布于各处？对于在参照对象的描述和仿真模型及其计算实现的规范化描述之间建立可靠的桥梁来说，参照对象的概念模型和分析模型之间的形式化映射显得格外重要。

3.4.2 服务

对复杂系统所需的知识进行大规模集成，从根本上取决于集成在平台中的建模和仿真基础设施服务。以领域特定模型和仿真引擎的重用为基础，并将它们集成到多模型联合仿真中，这些服务可以支撑形成可承受的解决方案。例如，要理解复杂工程系统（如汽车、制造厂或配电网络）的脆弱性和复原力，不仅需要对抽象的动力学建模和开展基于仿真的分析，还需要对网络化嵌入式控制系统的一些实现细节进行分析。如果没有重用和跨项目的协同作用，这样复杂的系统建模和分析的成本就过高。

服务需要实现开放的模型体系架构开发和各级模型元素的共享。如何启动一个涉及多个相关方的通用概念建模规划？如何用不同贡献者提供的知识（如维基百科）来扩充概念模型？需要如何进行管理？概念模型应该有什么样的结构？需要什么基础本体（如物理本体）？概念模型组件如何在可执行模型库中实现，组件如何集成到仿真体系结构并发挥作用？此外，还必须定义和推广指导原则。为了对未来的协作概念建模规划进行准备，建模人员应该遵循哪些指南？模型、体系架构、设计模式、一致性测试、建模过程和工具的标准理论将随着建模科学的成熟自然而然地出现。

服务可以嵌入到三种平行的集成平台中。

（1）在模型集成平台中，关键的挑战是以语义合理的方式对广泛的异构领域模型之间的交互进行理解和建模。主要的挑战之一是组成系统的语义异构性和集成模型的描述。模型集成语言已经成为集成复杂、多模型设计自动化和仿真环境的重要工具。关键思想是，适时提出一种集成语言，该语言只对（可能高度复杂的）领域模型之间的跨域相互作用进行描述（Cheng et al.，2015）。

（2）用于联合仿真的仿真集成平台具有一些成熟的架构。高级体系结构（HLA）（IEEE Standards Association，2010）是分布式计算机仿真系统的一种标准化体系结构。用于联合仿真的功能模型接口（Functional Mockup Interface，FMI）（Modelica Association，2014a）是一个相对较新的标准，目标是集成不同的仿真器。尽管这些标准已经是成熟和被接受的，但仍存在许多开放的研究问题，这些问题与规模、组合、所需时间分辨率的跨度、半实物仿真器和仿真集成中不断增加的自动化相关。

（3）分布式联合仿真的执行集成平台正在转向基于云的部署，将仿真作为服务并通过 Web 界面使用模型，并根据需要增加资源动态配置的自动化。第 4 章将对此进行更多的介绍。

参 考 文 献

[1] Adiga, A., C. Kuhlman, M. Marathe, S. Ravi, D. Rosenkrantz, and R. Stearns. 2016. Inferringlocal transition functions of discrete dynamical systems from observations of system behavior. Theoretical Computer Science.

[2] Baader, F., D. Calvanese, D. McGuinness, D. Nardi, and P. Patel-Schneider (eds.). 2010. The description logic handbook: Theory, implementation and applications, 2nd ed.

[3] Balci, O. and W. F. Ormsby. 2007. Conceptual modelling for designing large-scale simulations.Journal of Simulation 1: 175-186.

[4] Barrett, C., S. Eubank, V. Kumar, and M. Marathe. 2004. Understanding large scale social and infrastructure networks: a simulation based approach. SIAM news in Math Awareness Monthon The Mathematics of Networks.

[5] Barrett, C., S. Eubank, and M. Marathe. 2006. Modeling and simulation of large biological, information and socio-technical systems: an interaction based approach. Interactive computation,353–394. Berlin Heidelberg: Springer.

[6] Batarseh, O. and L. McGinnis. 2012. System modeling in SysML and system analysis in Arena. In Proceedings of the 2012 Winter Simulation Conference.

[7] Berliner, C. and J. Brimson, (eds.). 1988. Cost management for today's advanced manufacturing: the CAM-I conceptual design. Harvard Business School Press.

[8] BioNetGen. 2016. “BioNetWiki.” Accessed 29 Aug 2016. http://bionetgen.org.

[9] Blanchard, B. 1978. Design and manage to life cycle cost. Dilithium Press.

[10] Bock, C., M. Gruninger, D. Libes, J. Lubell, and E. Subrahmanian. 2006. Evaluating reasoning systems. Report: U.S National Institute of Standards and Technology Interagency. 7310.

[11] Bock, C., and J. Odell. 2011. Ontological behavior modeling. Journal of Object Technology10 (3): 1-36.

[12] Bock, C., M. Elaasar. 2016. Reusing metamodels and notation with Diagram Definition. Journal of Software and Systems Modeling.

[13] Boehm, B. 1981. Software engineering economics. Prentice-Hall.

[14] Bouissou, O. and A. Chapoutot. 2012. An operational semantics for Simulink's simulation engine.Languages, compilers, tools and theory for embedded systems. In Proceedings of the 13th ACM SIGPLAN/SIGBED International Conference, (LCTES'12). 129-138.

[15] Cellier, F. 1991. Continuous systems modelling. Springer.

[16] Cheng, B., T. Degueule, C. Atkinson, S. Clarke, U. Frank, P. Mosterman, and J. Sztipanovits. 2015. Motivating use cases for the globalization of CPS. In Globalizing Domain-Specific Languages, LNCS, vol. 9400, 21-43. Springer.

[17] CMMI Institute. 2016a. "CMMI Models." Accessed 29 Aug 2016. http://cmmiinstitute.com/cmmi-models.

[18] CMMI Institute. 2016b. 2015 Annual Report to Partners, Accessed 6 Sept 2016. http://partners.cmmiinstitute.com/wp-content/uploads/2016/02/Annual-Report-to-Partners-2015.pdf.

[19] Eclipse Foundation. 2016a. Eclipse modeling framework. Accessed 29 Aug 2016. https://eclipse.org/modeling/emf.

[20] Eclipse Foundation. 2016b. Graphical modeling project. Accessed 29 Aug 2016. http://www.eclipse.org/modeling/gmp.

[21] Emerson, M., S. Neema, and J. Sztipanovits. 2006. Metamodeling languages and metaprogrammable tools. Handbook of Real-Time and Embedded Systems: CRC Press.

[22] Eskridge, T., and R. Hoffman. 2012. Ontology creation as a sensemaking activity. IEEE Intelligent Systems 27 (5): 58-65.

[23] Finney, A., M. Hucka, B. Bornstein, S. Keating, B. Shapiro, J. Matthews, B. Kovitz, M. Schilstra,A. Funahashi, J. Doyle, and H. Kitano. 2006. Software infrastructure for effective communication and reuse of computational models. In System Modeling in Cell Biology:From Concepts to Nuts and Bolts. Massachsetts Institute of Technology Press.

[24] Flatscher, R. 2002. Metamodeling in EIA/CDIF—meta-metamodel and metamodels. ACM Transactions on Modeling and Computer Simulation. 12 (4): 322-342.

[25] Gaševića, D., and V. Devedžić. 2006. Petri net ontology. Knowledge-Based Systems 19 (4):220-234.

[26] Harrison, N., W.F. Waite. 2012. Simulation conceptual modeling tutorial. In Summer Computer Simulation Conference, July 2012.

[27] Harvard Medical School. 2016. KaSim: A rule-based language for modeling protein interaction networks. Accessed 29 Aug 2016. http://dev.executableknowledge.org.

[28] Helms, T., C. Maus, F. Haack, and A. M. Uhrmacher. 2014. Multi-level modeling and simulationof cell biological systems with ML-rules: a tutorial. In Proceedings of the Winter Simulation Conference, 177-191.

[29] Helms, T., R. Ewald, S. Rybacki, A. Uhrmacher. 2015. Automatic runtime adaptation forcomponent-based simulation algorithms. ACM Transactions on Modeling and Computer Simulation, 26 (1).

[30] Huang, E., Ky Sang Kwon, and L. F. McGinnis. 2008. Toward on-demand wafer fab simulation using formal structure and behavior models. In Proceedings of the 2008 Winter Simulation Conference.

[31] IEEE Standards Association. 2010. 1516-2010-IEEE Standard for Modeling and Simulation (M&S)High Level Architecture (HLA). http://standards.ieee.org/findstds/standard/1516-2010.html.

[32] Institute for Software Integrated Systems. 2016. "WebGME." Accessed 29 Aug 2016. https://webgme.org.

[33] Jackson, E., and J. Sztipanovits. 2009. Formalizing the structural semantics of domain-specific modeling languages. Journal of Software and Systems Modeling 8: 451-478.

[34] Karsai, G., M. Maroti, A. Lédeczi, J. Gray, and J. Sztipanovits. 2004. Composition and cloning in modeling and meta-modeling. IEEE Transactions on Control System Technology. 12 (2):263-278.

[35] Le Novère, N., M. Hucka, H. Mi, S. Moodie, F. Schreiber, A. Sorokin, E. Demir, K. Wegner.M. Aladjem, S. Wimalaratne, F. Bergman, R. Gauges, P.Ghazal, H. Kawaji, L. Li, Y. Matsuoka,A. Villéger, S. Boyd, L. Calzone, M. Courtot, U. Dogrusoz, T. Freeman, A. Funahashi,S. Ghosh, A. Jouraku, A, S. Kim, F. Kolpakov, A. Luna, S. Sahle, E. Schmidt, S. Watterson, S.,G. Wu, I. Goryanin, D. Kell, C. Sander, H. Sauro, J. Snoep, K. Kohn, and H. Kitano. 2009. Thesystems biology graphical notation. Natural Biotechnolology. 27 (8): 735-741.

[36] Mannadiar, R. and H. Vangheluwe. 2010. Domain-specific engineering of domain-specific languages. In Proceedings of the 10th Workshop on Domain-Specific Modeling.

[37] McGinnis, L. and V. Ustun. 2009. A simple example of SysML driven simulation. In Proceedings of the 2009 Winter Simulation Conference.

[38] McGraw, G. 2006. Software Security: Building Security In. Addison-Wesley.

[39] Modelica Association. 2014a. Functional markup interface. https://www.fmi-standard.org/downloads#version2.

[40] Modelica Association. 2014b. Modelica® -a unified object-oriented language for systems modeling, language specification, version 3.3, revision 1. Accessed 6 Sept 2016. https://www.modelica.org/documents/ModelicaSpec33Revision1.pdf.

[41] Mortveit, H., and C. Reidys. 2008. An Introduction to Sequential Dynamical Systems. Springer.

[42] NATO Research and Technology Organisation. 2012. Conceptual Modeling (CM) for Military Modeling and Simulation (M&S). Technical Report TR-MSG-058, https://www. sto.nato.int/publications/STO%20Technical%20Reports/RTO-TR-MSG-058/$$TR-MSG-058-ALL.pdf,July 2012.

[43] Novak, J. 1990. Concept maps and Vee diagrams: two metacognitive tools for science and mathematics education. Instructional Science 19: 29-52.

[44] Object Management Group. 2013. Business process model and notation. http://www.omg.org/spec/BPMN.

[45] Object Management Group. 2014. Object constraint language. http://www.omg.org/spec/OCL.

[46] Object Management Group. 2015a. Systems modeling language. http://www.omg.org/spec/SysML.

[47] Object Management Group. 2015b. Unified modeling language. http://www.omg.org/spec/UML.

[48] Object Management Group. 2013/2016. Unified architecture framework. http://www.omg.org/spec/UPDM, http://www.omg.org/spec/UAF.

[49] Paulk, M., W. Curtis, M. Chrissis, and C. Weber. 1993. Capability maturity model, version 1.1.Technical Report Carnegie Mellon University Software Engineering Institute.CMU/SEI-93-TR-024 ESC-TR-93-177, February 1993.

[50] Petty, M. D. 2009. Verification and validation. In Principles of Modeling and Simulation: A Multidisciplinary Approach. John Wiley & Sons, 121-149.

[51] Quillian, M. 1968. Semantic memories. In Semantic Information Processing. Massachusetts Institute of Technology Press, 216-270.

[52] Reichgelt, H. 1991. Knowledge Representation: An AI Perspective. Ablex Publishing Corporation.

[53] Reinhartz-Berger, I., and D. Dori. 2005. OPM vs. UML-experimenting with comprehension and construction of web application models. Empirical Software Engineering. 10 (1): 57-80.

[54] Robinson, S. 2013. Conceptual modeling for simulation. In Proceedings of the 2013 Winter Simulation Conference.

[55] Rosenkrantz, D., M. Marathe, H. Hunt III, S. Ravi, and R. E. Stearns. 2015. Analysis problems for graphical dynamical systems: a unified approach through graph predicates. In Proceedings of the 2015 International Conference on Autonomous Agents and Multiagent Systems(AAMAS'15). International Foundation for Autonomous Agents and Multiagent Systems,Richland, SC, 1501-1509.

[56] Sargent, R.G. 2013. Verification and validation of simulation models. Journal of Simulation 7:12-24.

[57] Sattler, U., D. Calvanese, and R. Molitor. 2010. Relationships with other formalisms, 149-193(Baader et al. 2010).

[58] Simko, G., D. Lindecker, T. Levendovszky, S. Neema, and J. Sztipanovits. 2013. Specification ofcyber-physical components with formal semantics-integration and composition. In Model-Driven Engineering Languages and Systems. Springer Berlin Heidelberg, 471-487.

[59] Sprock, T. and L. F. McGinnis. 2014. Simulation model generation of Discrete Event Logistics Systems (DELS) using software patterns. In Proceedings of the 2014 Winter Simulation Conference.

[60] Thiers, G. and L. McGinnis. 2011. Logistics systems modeling and simulation. In Proceedings of the 2011 Winter Simulation Conference.

[61] U.K. Ministry of Defense. 2016. MOD architecture framework. Accessed 29 Aug 2016. https://www.gov.uk/guidance/mod-architecture-framework.

[62] U.S. Department of Defense. 2016a. The DoDAF architecture framework version 2.02. Accessed 29 Aug 2016. http://dodcio.defense.gov/Library/DoD-Architecture-Framework.

[63] U.S. Department of Defense. 2016b. DoDAF viewpoints and models. Accessed 29 Aug 2016.http://dodcio.defense.gov/Library/DoD-Architecture-Framework/dodaf20_viewpoints.

[64] Warnke, T., T. Helms, and A. M. Uhrmacher. 2015. Syntax and semantics of a multi-level modeling language. In Proceedings of the 3rd ACM SIGSIM Conference on Principles of Advanced Discrete Simulation, 133-144.

[65] Weisel, E. W. 2012. A decision-theoretic approach to defining use for computer simulation. In Proceedings of the 2012 Autumn Simulation Multi-Conference.

[66] Zeigler, B., H. Praehofer, and T. Kim. 2000. Theory of Modeling and Simulation, 2nd ed.Academic Press.

[67] Zeigler, B., and S. Sarjoughian. 2013. Guide to Modeling and Simulation of Systems of Systems. London: Springer.

第4章 建模与仿真中的计算挑战

计算算法和软件在所有计算机模型和仿真中起着核心作用。计算机仿真可以看作是表示所研究系统状态的状态变量、数据结构以及随时间转换状态以描述系统状态演化的算法的集合，算法对控制系统行为的规则进行编码。在许多情况下，这些行为的基础是通过数学来描述的，如从物理定律推导出的微分方程。在另一些仿真模型中，行为是在逻辑规则中指定的，这些逻辑规则对组成系统的组件之间的因果关系进行编码。这些计算规则可用于确定系统在下一个“时钟节拍”或仿真计算的时间步长的新状态。在有些仿真中，系统状态的变化可能发生在仿真时间的不规则点上，由“有趣”事件的出现控制，如医生结束对病人的咨询，或机器完成制造系统中一个部件的加工。无论如何，计算方法和软件是建模和仿真的关键要素。

现在建模与仿真的计算方法面临着新的挑战，产生了新的研究问题，必须加以解决。这是因为一方面应用需求在变化；另一方面底层计算平台也在变化。例如，可信的仿真模型对于确定新政策和技术对城市发展的影响至关重要，全球变暖等现象带来了新的挑战，人们对城市发展越来越感兴趣。构成一个城市的基础设施之间存在着高度依赖关系，如水、交通和能源。例如，车辆的电气化显然会对车辆排放产生直接影响，但电气化也有其他影响。家庭对电力的需求将会增加，进而影响发电厂的排放和用水量。在某些情况下，这是用于粮食生产的水，从而导致了对经济的其他影响。如果考虑到其他新兴技术，如通过太阳能电池板和更广泛的智能家居实现家庭发电、自动驾驶汽车的使用、无人机在包裹递送中的商业使用、智能电网的出现以及这些创新所带来的人类行为的改变，这些相互作用综合产生的新兴现象尚未得到很好的理解。

与此同时，用于运行仿真的计算平台正在经历一场不同类型的变革。几十年来，根据摩尔定律，计算机硬件的性能每 18 个月就增加 1 倍。这些进展主要来自驱动计算机电路的时钟频率的增加。这些时钟速度的提升在 2004 年左右停止了，因为如果它们的时钟速度更高，这些电路将无法散热。目前，硬件性能的提升几乎完全来自并行处理的应用。从高性能超级计算机到智能手机等手持设备中的计算机，在所有平台上计算设备中的处理器或核心数量都在迅速增加。另一个显著改变硬件领域格局的相关现象是图形处理单元（GPU）设备的出现，它最初是为了图形渲染而设计的，而它的应用范围比图形渲染要广泛得多。这些设备的大批量生产降低了它们的成本，使它们对计算需求高的任务越来越有吸引力。硬件的另一个主要趋势是移动计算设备的爆炸式增长，其功率和复杂性不断提高。这些硬件的变化对计算机仿真的计算算法的发展有很大的影响，这是目前计算最密集的应用领域。有许多研究挑战要求发展新的计算方法，这将在本章后面讨论。

计算领域的其他主要趋势包括云计算、“大数据”和物联网。这些发展中的每一项都对建模和仿真产生了重大影响。云计算提供了一个平台，可以像访问互联网一样直接访问高性能计算设施，为计算密集型仿真的应用提供了更广泛的机会。长期以来建模和仿真一直使用数据分析技术来完成诸如描述输入和为仿真模型指定相关参数等任务。大数据技术为仿真提供了可以轻松利用的新功能。虽然大数据和人工智能的进步正在创造前所未有的态势感知能力，即表征和解释运行系统的状态，但建模与仿真提供了一种预测能力，这是单靠数据分析算法无法实现的。此外，物联网创造了许多新的丰富的数据源，这些数据源再次与建模与仿真协同，为建模与仿真融入现实世界并对社会产生巨大影响提供了前所未有的机会。这些新兴的平台和计算技术提供了令人激动的新机会，可以提高建模和仿真在管理业务系统方面的影响。最后，动态数据驱动应用系统（Darema，2004）是一种包含实时数据驱动计算和仿真的范式，用于一个反馈循环中，从而加强监控和/或帮助管理业务系统。

本章描述了建模与仿真必须解决的重要计算挑战，以充分发挥其最大潜力，从而满足当代应用的新需求，并最大限度地利用新兴的计算平台和范式。

4.1 节重点介绍新兴的计算平台和为了有效利用这些计算平台必须解决的计算挑战。这些计算平台包括在包含数百万核的超级计算机上运行的大规模并行仿真、有效利用图形处理器（GPU）加速器等异构计算元素的新平台、现场可编程门阵列（Field Programmable Gate Array，FPGA）、云计算环境和移动计算平台。同时也将讨论一些全新的计算方法，如模仿人脑的神经形态计算。前面提到的动态数据驱动应用系统（DDDAS）和信息物理系统等范式的应用使仿真变得普遍和无处不在。

4.2 节重点讨论在这种情况下出现的挑战。如何构建、理解和管理相互交互的大规模分布式仿真系统，从而实现对业务系统和子系统的管理，这是一个重大挑战，并在隐私、安全性和信任方面引起了重要问题。还需要研究确定此类仿真的基本原理，并建立其运行背后的理论。

4.3 节提出了建模与仿真领域应该如何管理已经存在的并随着新的建模方法的提出而不断增长的海量模型的问题。复杂系统通常包含许多子系统，每个子系统都可能是一个复杂系统。要理解这样的系统，不可避免地需要集成许多不同的建模方法，不仅包括不同类型的模型，还包括在时间和空间上跨越不同尺度运行的模型。这些不同建模方法之间的关系尚不清楚，如何确定计算方法以最佳地结合它们来解决大型、异构、复杂系统中的关键问题也不清楚。是否存在可行的理论用来集成传统上不同的领域，如连续和离散事件仿真？需要什么样的计算方法和算法才能成功地应用这些海量模型？在任何研究中都需要许多仿真测试，有没有新的技术来改进所谓的集成仿真的运行？

4.4 节探讨建模与仿真与大数据之间的关系，并强调这些技术之间天然存在的协同效应。仿真分析代表了扩展和利用这些协同作用的新范式。同时 4.4 节还讨论了关于模型和数据表示的关键研究问题、管理大规模数据和实时数据流的挑战以及定性建模方法等方面的内容。

总之，鉴于新的应用需求和新兴的硬件和软件计算平台，建模与仿真要产生最大的影响，必须解决许多计算上的挑战。本章强调了为了最大限度地提高建模与仿真在社会中的有效性和影响而需要发展的领域。

4.1 利用新兴的计算平台

在过去 30 年里，用于大多数大规模仿真的通用计算体系架构是相似的：共享内存、多核或多处理器系统以及紧密耦合的分布式内存集群。但是，计算平台在过去 10 年中经历了巨大的变化，而这些变化在今天的建模和仿真技术中只是得到了有限的利用。我们需要更多地关注建模和仿真应用的计算平台，包括大规模并行超级计算机、包含 GPU 加速器的异构计算系统和 FPGA。云计算和移动计算日益广泛的应用为建模和仿真带来了新的机遇和挑战。有效地利用这些平台需要仔细考虑仿真计算如何在底层平台施加的约束下得到最好的利用和运行，同时满足当代应用的运行时间和能耗目标要求。下面将分别讨论这些新兴计算平台中的研究挑战，并在文献 Fujimoto（2016）中进行更详细的讨论。

4.1.1 大规模并行仿真

在过去的 10 年里，最强大的超级计算机的处理器（内核）数量呈爆炸式增长。虽然在最强大的机器中处理器的数量是保持相对稳定的，从 1995 年的几千个到 2004 年的 1 万个，但这个数字从 2005 年开始急剧增加。2015 年 11 月，被评为世界上最强大的超级计算机“天河”2 号拥有 300 多万核。有效利用这些机器的计算能力来解决大规模仿真问题需要在建模和仿真领域中进行范式转换。

并行离散事件仿真领域的文献报道中的实验数据证实了这一趋势（Barnes et al.，2013）。电信网络仿真的性能测量表明，2003 年使用 1536 个处理器的超级计算机的性能约为每秒 2 亿个事件。2009 年，在 65536 个处理器上，这个数字增加到每秒 122.6 亿个事件，到 2013 年，使用近 200 万核，每秒 5040 亿个事件。然而，在这 10 年里，单个内核的性能只增加了 2 倍。性能的提高几乎完全是由并行处理的应用来实现的。

大规模并行计算体系架构的应用对建模和仿真界提出了许多关键挑战。最明显的挑战是，仿真计算必须以一种利用更细粒度计算的方式进行开发，即原子计算单位必须变得更小，原子计算单位是不能再细分为映射到不同内核上的计算。例如，在涉及大型矩阵计算的数值仿真中，考虑将矩阵的单个元素映射到不同内核的新方法开始展示出应用前景，而不是将整个行、列或子矩阵映射到单个内核，从而在计算中展现出更高级别的并行性。为了实现这种细粒度并行性，必须重新思考仿真计算和相关算法。

一旦仿真被形式化为细粒度的并行计算，一个关键的挑战就是仿真引擎的有效运行。通信延迟长期以来一直是并行仿真有效运行的主要障碍；如果在内核之间传输信息的延迟增加，那么让众多的内核忙于有效的计算就变得非常具有挑战性。原因是许多计算将不得不保持空闲，等待在其他内核上的计算结果到达。这个问题在细粒度仿真计算中变得更加具有挑战性，因为通信操作之间的计算量变得很小。为了成功地利用大规模并行计算机，能够掩盖通信延迟的延迟隐藏技术将变得更加关键。此外，内存系统架构的有效利用变得越来越重要。当仿真引擎涵盖的状态大小增加时，高速缓存系统的高效使用将变得越来越具有挑战性和重要性。

另一个关键问题是如何将并行仿真模型映射到并行架构中，特别是对于模拟高度不规则物理系统的仿真。例如，考虑一个大型网络（如互联网）的仿真。在自然系统和工程系统中出现的许多网络都是高度不规则的，通常包含与网络中其他节点具有高度互联性的“枢纽节点”。从一个网络节点到另一个网络节点，活动量和仿真计算量可以发生几个数量级的变化。在现代超级计算机上高效地对大规模不规则网络仿真进行分割和映射是一项具有挑战性的任务，需要进一步探索。

4.1.2 异构计算平台上的并行仿真

从超级计算机到移动设备的现代计算机越来越多地由通用处理器和硬件加速器（如 GPU）组合而成。GPU 是硬件加速器，它实现了一些特定的计算任务，而这些任务本来是由中央处理单元（CPU）执行的。它们最初是为工作站和个人电脑上的显示设备渲染图形而开发的，因此而命名。GPU 作为一种加速数据密集型数值计算的手段，已经得到了更广泛的应用。GPU 的大规模制造降低了硬件成本，使其成为有吸引力的高性能计算系统组件。

GPU 是为数据并行计算而设计的，即对大量相似类型的数据应用相同操作的计算。计算元素被组织起来以实现单指令流和多数据流（Single-Instruction-Stream and Multiple-Data-Stream，SIMD）操作，即一个共同的程序被许多计算元素（内核）执行，但对不同的数据进行操作。这种数据并行处理是这些硬件平台性能改进的主要来源。

在开发利用 GPU 架构进行数值仿真的方法方面，人们已经开展了大量的研究。这类仿真应用通常以矩阵计算的形式表示，这使得它们非常适合利用这些架构。其他计算，如离散事件仿真，通常不被构造为矩阵计算。相反，它们通常使用更不规则的数据结构，这对映射到 GPU 加速器来说更具挑战性。特别重要的是，（至少）下一代最高端的超级计算机将被设计成节点集群，每个节点集群由少量的多核处理器和共享内存的高级 GPU 组成。GPU 将在这些平台上提供绝大多数的计算并行性。

为了说明与在 GPU 上运行不规则仿真相关的一些挑战，考虑一个由许多事件计算组成的大型离散事件仿真程序。为了以在 GPU 体系架构中使用的 SIMD 样式高效运行，仿真应包含相对较少类型的事件，理想情况下只有一种类型的事件，这一约束适用于有限数量的离散事件仿真应用程序。当 SIMD 代码大部分是几乎不带有分支的直线代码，并且并行运行的循环需要（几乎）相同数量的迭代时，它也是最有效的。这对于离散事件仿真来说是一个问题，因为它的控制流经常分支。此外，在 GPU 上运行的代码，至少在未来的几代中，将无法在不涉及 CPU 的情况下执行业务代码、执行 I/O 或者发送接收消息。最后这个限制也是离散事件仿真的一个主要问题，因为平均而言，每个事件必须发送一个事件消息。在任何试图与 GPU 并行运行事件的离散事件仿真中，这几乎肯定会导致 CPU 成为性能瓶颈。在 CPU 和 GPU 体系架构之间的收敛程度超过目前技术路线图中描述的程度之前，传统的多核/多处理器体系架构在这些仿真中可能仍然更有效。高效地利用 GPU 进行高度不规则的、异步并行的、离散的事件仿真至少可以说是一个重大挑战。

并发运行可以通过将仿真的状态变量划分为对象，并在这些对象之间并发地处理相同的事件计算来实现。此外，正如前面提到的，每个事件计算应该不包含依赖于数据的分支指令，因为如果程序在不同的数据上执行，那么由不同分支产生的不同程序序列的执行必须以 SIMD 运行样式序列化。用于离散事件仿真的未来事件列表，是一种优先队列数据结构，在现有 GPU 架构上对其分发并行访问同样具有挑战性。因此，为在 GPU 上运行而重构不规则仿真仍然具有挑战性。

此外，一旦对计算进行了重新表示，以便在 GPU 上运行，其他的计算挑战必须得到解决。具体来说，加速器内可用的内存仍然有限，将数据移入和移出 GPU 的内存可能很快成为瓶颈。与数据传输相关的延迟隐藏技术对于实现高效运行至关重要。内存系统通常组织为内存库，对内存的并发访问分布在不同的内存库中。但是，对同一内存库中数据的访问必须是顺序执行的。必须小心地将仿真的状态和其他变量映射到内存系统，以避免产生瓶颈。

目前，为了有效利用 GPU 架构，需要针对特定目标架构进行精心编程。这使得代码相对脆弱——当下一代架构出现时，为某个架构设计的性能优化可能不再有效。需要开发能够自动将仿真计算映射到 GPU 架构的工具来减轻程序员的这一任务。此外，在 GPU 架构上进行软件开发会很麻烦。特定于应用领域的语言或并行编译器的技术发展可能会提供简化编程任务的方法。

4.1.3 阵列处理器作为建模与仿真平台

现场可编程门阵列（FPGA）技术的进步提高了它们的速度、性能和与其他设备的连通性，同时降低了它们的功耗，从而使它们成为用于高性能并行计算平台的阵列处理器。这些处理器结合了特定于应用的集成电路的特点和动态可重构性，特别是在运行时，提供了一个适合执行大规模并行操作的系统。这些系统有足够数量的处理单元来提供大规模的并行性、更高的处理能力和更短的可重构时间，甚至在运行同一程序时也是如此。它们的性能比微处理器好 100 倍甚至更多

（Tsoi and Luk，2011）。

阵列处理器作为并行处理平台的适用性在数据密集型应用以及计算和内存密集型应用中已经和正在进行研究，数据密集型应用包括信号和图像处理、数据库查询、大数据分析等，计算和内存密集型应用包括高速网络处理、大规模的模式匹配、从局部观测中进行时间序列预测的影响驱动模型、基于模型的评估等（Dollas，2014）。

在阵列处理器体系结构中，在处理单元中的数据集彼此不依赖时，单指令控制处理单元（如 SIMD，前面已讨论过）中数据的同时执行是有效的。阵列处理器的拓扑结构在很大程度上受到互联网络结构、连接速度和特定应用的可配置性的影响。由于这种依赖性，需要高效的分割（映射）算法。

阵列处理器在大数据处理模型中具有很好的潜力，并且已经在一些独特的应用中展现出良好的结果。然而，它们对于一般应用和复杂系统建模仿真的适用性还需要研究。阵列处理器存在局限性的原因之一是预取指令与执行单元的耦合，需要对解耦进行研究并提出方法来适当地映射数据依赖。

开发对用户友好的程序模型以实现将模型映射到数组结构，开发工具以实现通用模型的动态配置，开发高效的动态路由算法以实现对特定于阵列处理器的路由阶段进行加速，以及生产开源硬件设计以支持对新型可重构体系结构的研究，这些方面都是非常重要的。我们需要研究如何选择合适的内存模型（如共享、分布式或混合）来为所选的内存模型开发高效的编程接口，特别是对于复杂的、大计算量的仿真模型。

创建支持高并行度的数据处理硬件解决方案具有挑战性，因为随着内核数的增加，任意通信点之间的平均片上距离也会增加。因此，实行可伸缩的通信模式至关重要。例如，可以通过在许多处理元素上复制任务并将它们组织到前馈管道中来实现算法的并行化。

为高层次抽象创建更高级的开发环境，如 OpenCL 代替低级的开发环境（VHDL、Verilog），将允许不依赖于现代合成器的技术发展而更有效地开发阵列处理器，并提供速度和芯片空间之间的基本权衡。同时，需要在速度和通用性、时钟速度和功耗、芯片面积和精度、表达性和（运行时）灵活性之间进行适当的权衡分析。此外，虽然 OpenCL 提供编程可移植性，但它不提供性能可移植性。因此，可移植性问题也需要得到解决。在研究将数据处理算法从软件移植到硬件以及准确抽象给定任务的底层操作（包括同步）以实现高度并行性和灵活性的同时，跳出思维定势也很重要（Woods，2014）。

其他挑战还包括使用现有的并行编程语言对模型描述进行映射的工具进行提速（在数小时到数天的范围内），如 OpenCL、CUDA（Compute Unified Device Architecture，计算统一设备体系架构，一种用于提高受特定硬件限制的计算性能的编程模型）和 SystemC。

4.1.4　云仿真

云计算提供了一种方法，使得建模和仿真工具比以前更广泛地可用。云计算提供了将建模和仿真工具作为服务的能力，任何人都可以通过连接互联网轻松访问这些服务。原则上，这些工具的用户不需要拥有自己的计算机和存储设备来开展仿真。该特性对于需要高性能计算设施的仿真计算尤其有利，因为云平台消除了仿真用户管理和维护专门计算设备的需要，这在过去是限制广泛应用的一个严重障碍。当计算需求在某些时间段很旺盛时，但在其他时间段则要少得多时，云计算的“现收现付”经济模式很有吸引力。然而，要使建模和仿真领域最大限度地利用云计算能力，还必须克服一些挑战。

虚拟化技术在云计算环境中被广泛使用。虚拟化使我们能够创建一个“私有”计算环境，在该环境中，CPU、内存和操作系统服务等资源似乎可以作为虚拟化组件随时供应用程序使用。虚拟化提供了应用程序之间的隔离，从而使物理计算设施可以在许多用户之间共享，而不必担心程序之间的相互干扰。

第一个问题是云计算提出了某些技术挑战，特别是对于并行和分布式仿真，阻碍更广泛地利用公共云计算服务的一个重要问题是通信延迟。延迟和延迟方差，即抖动，在云计算环境中可能很高，并显著降低性能。这个问题可以通过云提供商对高性能计算支持的提升得到缓解，另一种缓解途径是对并行和分布式仿真进行设计，以具备更好地容忍底层通信基础设施中的延迟和抖动的能力。

第二个问题是云计算环境中共享资源的争用，因为用户通常不能保证对其程序使用的计算资源的独占访问。这将导致并行和分布式仿真代码执行效率低下。解决这个问题的一种方法是建立机制来使这些代码在仿真运行期间更能适应底层计算环境的变化。例如，动态负载均衡是可以解决这个问题的一种方法。

云计算带来了隐私和安全问题。这些问题在通用计算领域中是众所周知的，如果云计算要在建模和仿真领域中成功地应用，这些问题也同样重要。

有一种趋势是认为软件服务组需要来自云计算、虚拟化和面向服务的体系结构的多种特性和支撑。可以说，在建模与仿真领域也是如此，并且正在以“建模和仿真即服务”（Modeling and Simulation as a Service，MSaaS）的形式出现。这可以涵盖很大范围的建模与仿真应用，包括“在线”仿真，即多个用户可以访问相同的仿真（并潜在地共享信息），需要各种高性能计算支撑的仿真，可互操作仿真组，仿真和配套服务（实时数据采集、仿真分析、优化器等）的流水线等。这反过来又对云计算和面向服务的体系架构概念提出了新的要求，如工作流、编配、编排等。

4.1.5 移动计算平台

正如 4.2 节将要讨论的，移动计算设备的数量大大超过了建模和仿真代码使用的台式机和服务器这样的传统平台的数量，而且这种差距正在迅速扩大。移动设备日益增强的计算能力意味着仿真代码不需要局限于远程服务器或在云平台上执行。相反，仿真可以嵌入到物理系统本身。无人机等移动平台的使用增加，为使用仿真实时监控和协助管理系统提供了许多新的机会。例如，在无人机上运行的仿真可以用来预测森林火灾或毒性化学烟雾的蔓延，使人能够动态调整监测过程或制定方法来减轻损害。交通是另一个重要的应用，嵌入至交通网络中的仿真可以用来预测事故后产生的交通拥挤，并探索可选的行动方案。

与使用后端服务器或云平台的方法相比，嵌入到被监视或被管理的物理系统中的仿真计算，利用分类数据可以使计算在更严格的控制循环中使用。此外，将计算放置在离数据流更近的地方，可以减少对远程通信能力的依赖，并通过消除在中央服务器上通信和存储敏感数据的需求，减缓隐私问题。

数据驱动的在线仿真变得越来越重要。传感器数据和分析软件处理实时数据流，从而构建或推断系统的当前状态。然后，利用仿真来预测系统的未来状态。例如，用于改进监控系统以更好地跟踪物理系统的演化，或者用作优化或改进系统的一种手段。这些仿真必须运行得比实时快得多才有用，在可预见的将来像 DDDAS 这样的范式会越来越多地得到应用。

移动计算平台对仿真应用提出了新的挑战。仿真必须能够实时产生可操作的结果。这就需要在建模仿真研究中实现许多步骤的自动化。例如，必须快速分析和处理输入数据，以对仿真模型进行参数化和驱动。必须快速创建并执行用于分析未来可能的结果的实验计划。仿真运行必须映射到可用的计算资源，必须以最小的延迟完成和诠释输出数据的分析，并转化为行动计划。通过比较观测到的系统行为与仿真预测的行为，物理系统的数据提供了自动校准、调整和验证仿真的机会。

能源消耗是另一个日益受到关注的领域。在移动计算平台上，减少计算所需的能量将延长电池寿命，并/或允许使用更小、更紧凑的电池。然而，到目前为止，能源消耗方面的大部分工作都集中在低级硬件、编译器和操作系统问题上。在了解仿真消耗的能量方面所做的工作相对较少。需要对能源消耗、运行时间、数据通信和模型精度之间的关系有更好的基本理解。对于序贯仿真和并行/分布式仿真，必须更好地理解这些关系。在提升结果的及时性方面，需要采用与仿真目标和约束一致的方法来优化能源消耗。

4.1.6　神经形态架构

神经形态计算机是对传统的冯·诺伊曼计算机架构的根本颠覆。它们本质上是神经网络的硬件实现，松散地以动物神经系统为模型，能够完成图像处理、视觉感知、模式识别和深度学习等任务，比传统硬件的速度和能量效率都要快得多。

目前，除了思考一旦神经形态计算得到更好的理解和更广泛的应用，如何将其纳入仿真中之外，谈其他的还为时过早。但是，一个可能的应用案例是自动驾驶汽车或无人机等自动驾驶交通工具，它们可能需要在嵌入式仿真中进行大量的图像处理，以实时预测附近其他交通工具的行为。这些任务可能不会直接以传统的基于规则的方式编程，而是可以利用神经形态芯片固有的学习能力来适应所面临的条件和随着时间变化的世界。另一个例子是对视觉处理至关重要的系统进行仿真，如卫星空中监视。系统本身可能使用神经形态计算，但对这些系统进行仿真可能也需要用到神经形态计算，否则仿真运行可能会慢很多倍。

4.2 普适仿真

4.2.1 无处不在的仿真

对“后数字革命社会”的一个关键观察是，信息和通信技术（Information and Communication Technologies，ICT）已经变得无处不在，即与人类行为交织在一起，或者换句话说：到了成为“日常生活的组成部分”的地步，以至于将“物理世界”与“数字世界”相联系的分离观点正在消失。今天，我们谈论一个“信息物理”世界（信息物理系统是一个由 Helen Gill 在 2006 年提出的国家科学基金会项目），指的是现实世界物理物体（事物、设备）和流程（服务），以及它们在通信网络（“信息”）中的数字化数据表示和计算的紧密交织。嵌入式、无线连接的微型计算平台配备了大量微型传感器，可以收集相关现象的数据，对这些数据进行实时分析和诠释，对已识别的环境进行推理，做出决策，并通过多个驱动器影响或控制他们的环境。因此，感知、推理和控制将世界的物理领域和数字领域紧密地联系在一起，并具有反馈回路，将一个领域与另一个领域耦合在一起。基于嵌入式电子系统，将“物理”与“数字”连接起来，除了执行预编程行为外，还要运行仿真，我们将这样的仿真称为普适仿真。普适仿真与前面讨论的移动和动态数据驱动的应用程序系统具有明显的协同和重叠。

4.2.2 集体自适应仿真

凭借当今大量嵌入式平台的计算、感知、推理、学习、驱动和无线通信能力（智能手机、自动驾驶交通工具、数字标识网络、证券交易所经纪机器人、可穿戴计算机等），让这些被编程为集体自适应计算系统（Collective Adaptive Computing System，CAS）的大量集合体进行协同运行，不仅是可能的，而且已经成为现实。关于集体自适应计算系统的研究工作探索将大规模部署的计算系统转变为全球范围的“超有机体”的潜力和机会问题，这些“超有机体”即是展示了生命有机体的特性（如展示了“集体智能”）的计算集合。集体自适应计算系统的关键特点是它们经常表现出通常在复杂系统中观察到的特性：①自发的、动态的网络配置；②单个节点并行操作；③不断地对其他智能体进行操作和反应；④高度分散和去中心化的控制。如果系统中有任何一致的行为，它必须是由个体节点之间的竞争和合作而产生，因此系统的整体行为是许多单个实体在每个时刻做出的大量决策的结果。普适仿真将集体自适应计算系统提高到集体自适应仿真。

4.2.3 大规模普适仿真

根据国际电信联盟（International Telecommunication Union，ITU）预测，未来 10 年将有 250 亿台设备在线，与上网人数的比例为 6∶1（International Telecommunication Union，2012b）。这将导致像射频识别（RFID）标签、传感器、驱动器、手机这样的物体在我们周围无处不在，它们具备一定的沟通和合作能力，以实现共同的目标。这种在我们周围无处不在的物体的范式称为物联网（Internet of Things，IoT）。国际电信联盟将物联网定义为“信息社会的全球基础设施，通过将基于现有和不断发展的可互操作的信息和通信技术的物体（物理的和虚拟的）互联，从而实现高级服务”（International Telecommunication Union，2012a）。物联网涵盖了不同的通信模式，包括人与物之间，以及物与物之间（机器对机器或 M2M）。前者假设存在人为干预，而后者没有（或非常有限）。

4.2.4 隐私、安全和信任

物联网的一个主要目标是通过从嵌入我们日常生活的设备上收集信息并提供控制，从而提供个性化甚至自主的服务。物联网对简单、廉价的联网处理器的依赖会对安全造成影响，所收集信息的潜在侵入性对隐私有影响，我们依赖机器对机器的系统来代表我们做出决定，这使得表达和推理信任的机制变得至关重要。信任的必要性早已被认识到，正如 Moulds（2014）所述，“……在……决策中的关键角色意味着我们能够信任这些设备所说的并控制它们所做的是至关重要的。我们需要确保我们在与正确的事物对话，它在正确地运行，我们可以相信它告诉我们的事情，它会做我们让它做的事情，以及在这个过程中没有其他人可以干涉。”

随着普适仿真变得越来越普遍，它们必须是安全的，或至少能够承受网络威胁，这是至关重要的。为了实现广泛的应用，隐私和信任问题必须得到充分解决。

随着世界变得越来越互联，我们将变得依赖机器和仿真来代表我们做决定。当仿真使用来自网络中传感器、设备和机器的数据来进行决策时，他们需要学习如何信任这些数据以及与他们交互的物体。信任是对机器或传感器在特定环境下可靠、安全、可信地行动的能力的信念（Grandison and Sloman，2000）。信任是一个比信息安全更广泛的概念，它包括主观标准和经验。目前，传感器和设备的安全是通过加密、数字签名和电子证书等信息安全技术来实现的。这种方法建立了与评估设备之间的信任链，但它不能告诉我们任何关于随着时间的推移而不断交换的信息的质量。

随着连接到网络上的传感器数量的增加，我们将看到不同的交流和信任模式出现。如果我们假设组件之间存在分层连接，传感器在终端节点，它将数据传送到聚合器。传感器可能不是智能的（感知环境并向聚合器发送数据），也可能是智能的（感知环境、对数据进行推理并与聚合器通信）。聚合器能够从传感器收集数据，对数据进行推理，并与其他聚合器进行通信。让聚合器彼此通信可以以更分散的方式做出信任决策，从而对跨地理区域进行信任推理。

来自传感器和聚合器的数据将被输入到模型和仿真系统中，这些模型和仿真系统将做出影响我们生活的预测或决策。由于故障、不良行为、篡改、环境条件、语境条件等原因，来自传感器或聚合器的数据可能互相冲突。仿真系统是否应该信任该数据必须由能够进行信任评估的智能体来决定，然后才能将其视为有用的信息。此外，如果仿真在控制或向物联网系统中的某些传感器、致动器或设备（即信息物理系统）发出命令方面发挥作用，那么仿真所使用的用于做出这些决定的、来自外部来源的数据必须是可信的，这样它就不会故意误导而发出恶意命令。

4.2.5　基础研究问题

为了深入理解普适仿真的基本原理，我们需要理解自上而下（通过设计）的适应方法和自下而上（通过涌现）的适应方法之间的权衡，并尽可能促进这两种方法之间紧张关系的缓和。当涉及数十亿个组件时，我们需要理解普适仿真如何以及在多大程度上产生出“群体的力量原则”，并尽可能表现出优于传统人工智能的智能形式。此外，对于诸如开放式（无边界）进化仿真系统这样的普适仿真，理解与进化相关的属性，学习和进化之间的权衡和交互，以及进化对操作和设计原则的影响是十分重要的。我们需要理解复杂普适仿真系统中多元化和多样性的问题，并将其作为自组织、自我调节、复原力和群体智能的基本原则。最后不能不提的是，为复杂的、自适应的、大规模的仿真超有机体的新型复杂普适仿真理论奠定新的基础（包括从应用心理学、社会学和社会人类学，而不是从系统生物学、生态学和复杂性科学中吸取的教训），仍然是科学界的一个关键挑战。

4.2.6　系统研究问题

为了制定设计、实现和运行全球性仿真超级有机体的原则和方法，我们确定了一些系统研究问题，例如：

（1）适时的信息收集：系统需要能够在复杂的、动态的环境中运行，在这种环境中，它们必须应对可用基础设施中不可预测的变化，并学会在复杂的自组织集合中与其他系统和人类合作。

（2）真实的地球仿真：需要提供一个与全球在线数据源（搜索引擎、电网、交通流网络、贸易中心、数字市场、气候观测站等）紧密相连的、去中心化的、世界范围内的仿真基础设施，以便能够在不同的粒度、不同的时间尺度上实时进行基于模型的场景探索，并集成异构数据和模型。

（3）超大规模普适仿真中的协作推理和涌现效应：需要将机器学习方法与复杂性理论相结合的推理方法和系统模型，以解释协作互联仿真之间的反馈循环所产生的全局涌现效应。

（4）价值敏感仿真：对于在全球级仿真中对常见威胁模型具有鲁棒性和复原力的仿真，需要对伦理、隐私和信任模型进行研究。

对普适仿真应用，我们必须关注设计、实现和运行原则的细节，这些细节植根于具有社会关联性应用领域的本质：电子医疗生态系统、自动驾驶车辆、再工业化（工业 4.0）、物理网络（智能物流）、数字经济、能源管理和环境保护、公众科学、组合性创新、流动式民主等。

4.3 新的复杂仿真范式：海量模型

当我们对越来越大、越来越复杂的系统进行仿真时，从数千个相互作用的组件到数百万甚至数十亿个组件，我们必须构建和运行的模型的复杂性也在仿真软件分层栈的所有级别上显著增加。大型仿真必须经常结合不同的建模范式和框架，在不同的时间和空间尺度上，以及不同的同步和负载均衡需求。它们必须与其他非仿真软件（如数据库、分析包、可视化系统）交互，有时还需要与外部硬件系统或人交互。并且，单次运行模型是不够的。在严格的仿真研究中，我们总是需要对多个单次运行进行结构化集成。我们在研发中面临的最大挑战之一是构建仿真平台、框架、工具链和标准，以支持大量范式在单个仿真应用中进行互操作。正如前面所讨论的那样，由于运行复杂仿真的硬件计算架构也在迅速变化，软件挑战变得更加严峻。

4.3.1 复杂仿真

随着仿真在新领域的应用，并且在规模和逼真度上的要求越来越高，仿真变得越来越复杂。附加的复杂性是多维的，通常在同一个模型中有多种复杂性，从而产生了除正确性、逼真度和性能之外的各种体系结构需求。这种复杂性的例子包括：

（1）联邦模型——由独立开发的子模型（递归地）组合而成的模型，这些子模型在结构上进行耦合，以模拟由耦合子系统组合而成的真实系统。

（2）多范式模型——包含根据不同范式设计的子系统的模型，例如，与 Petri 网模型和数值微分方程模型耦合的排队模型。

（3）多尺度模型——具有在不同时间或空间尺度上出现的重要事件的模型，这些尺度之间通常有不同的数量级。

（4）多物理学模型——多种不同物理现象共存并相互作用的模型，例如流体、固体、粒子、辐射、场等。

（5）多分辨率模型——在这些模型中，必须能够调整分辨率参数，以允许在时间和空间分辨率或粒度之间进行权衡，从而提高性能。

（6）多同步机制模型——使用多个同步范式的并行模型，例如，不同时间步长、保守事件驱动和/或乐观事件驱动的同步算法的混合或联合。

（7）离散和连续混合模型——模型中的一些部分由数值方程表示以描述在时间上连续变化的状态，而其他部分是离散的，其中所有的状态变化都是在时间上不连续的。

（8）实时模型——必须在特定的实时截止时间下产生结果的模型，通常在嵌入式系统中。

（9）硬件在回路（Hardware in the Loop，HWIL）——实时模型的一种特殊情况，其中仿真与物理设备相耦合，它必须以设备需求决定的实时速度进行同步和通信。

（10）人在回路—— 一种与人类实时交互的仿真，速度和响应时间取决于人类的行为和反应时间，I/O 取决于人类的感观和行动模式。

（11）模型作为其他计算的组成部分——模型是更大计算系统的子系统，而计算系统本身不是仿真系统，例如动画系统或控制系统。

（12）包含大型非仿真组件的模型——例如，在单个事件中运行整个（并行的）语音理解或视觉系统的模型。

（13）虚拟机作为模型组件——一种重要的特殊情况，在这种情况下，被仿真的系统涉及运行特定软件的计算机或控制器，该软件的运行必须被如实复制，包括时间，以保证仿真的正确性。

至少在理论上，这些复杂性维度中的一部分是可以得到合理的理解的。但是，对于其他的部分，即使在理论上，人们也知之甚少，需要大量的研究来弄清它们。在大多数维度中，没有广泛接受的标准，也没有稳健的工具链来构建、运行、调试或验证它们。目前，在构建这样的模型时，它们通常是一次性的，取决于特定应用需求的特定细节，并且可能包含专用的设计决策和工程折中，这使仿真变得脆弱、不可移植和/或不可伸缩。

为了管理这种仿真复杂性，我们需要开发特定于仿真的软件工程标准、抽象、原则和工具。例如，一种措施是将仿真软件的标准定义为软件层的堆栈，其中每一层提供并公开额外的服务供上面的层使用，并对下面的层提取、抽象或隐藏一些特性。这遵循通用系统和应用软件分层设置的模式，或 TCP/IP 和 OSI 协议栈。表 4.1 描述了一组抽象分层，可以粗略地作为示例阐明这样的仿真软件堆栈。

假定每一层都有各种不同的替代系统，就像 TCP/IP 堆栈的每一层都有不同的协议一样。这里的要点并不是建议将这种特定的组织用于仿真堆栈。任何这样的标准都应该是仿真领域中各相关方长时间仔细考虑的结果，也许是在专业协会（如计算机协会（ACM））的支持下。但是，我们迫切需要特定于仿真的软件工程原则，以帮助管理当前限制我们实际上能够开展的仿真类型的复杂性。

表 4.1　仿真软件栈的抽象分层

抽象层	函数
模型层	特定模型（或组件）的代码
模型框架层	用于单个应用领域（如网络仿真或偏微分方程解决方案）的模型类、组件和库的集合
仿真引擎层	提供仿真时间、空间、命名、并行性和同步的单一范式，供联合仿真的单个组件使用
组件联邦层	提供接口代码，允许独立创建的子模型（可能用不同的语言编写）以各种方式进行通信、同步和互操作，从而成为一个独立的联邦模型

（续）

抽象层	函数
负载管理层	在一个并行模型的运行中，测量运行时的资源利用率（时间、能量、带宽、内存），并动态管理或迁移负载以优化某些性能指标
集成层	在单个大型作业中将同一模型的多个实例作为集成进行运行，用于参数敏感性研究、参数优化、方差估计等目的。处理调度、故障、核算和时间估计、分配文件路径、集成终止决策等
操作系统/作业调度层	并行运行独立的作业。提供进程、进程间通信、I/O、文件系统等

4.3.2　连续和离散仿真的统一

需要大量研究来明确的一个基本仿真问题是连续仿真和离散仿真之间的关系。从表面上看，它们似乎截然不同。连续仿真的状态变化在时间上是连续的，而离散仿真的状态变化在时间上是不连续的。连续仿真的逼真度主要由数值因素（误差、稳定性、守恒等）决定，而离散模型的逼真度则主要由与被模拟系统的详细对应关系以及统计因素决定。这两种仿真非常不同，很少有人同时精通这两种仿真。

尽管存在差异，但对于复杂模型来说，将离散子模型和连续子模型的各个方面结合起来是很常见的。例如，系统的某一个部分，如电力分配或飞机空气动力学，通常用微分方程描述，并用连续仿真来表示，但同一系统的数字控制系统（电网、飞机）更适合用离散模型来表示。因此，整个耦合仿真是连续模型和离散模型的混合体。

将连续模型与离散模型进行耦合面临的问题是，连续部分通常被编程为基于时间推进的仿真，而离散部分很可能是基于事件驱动的，并且这两种模型没有共同的同步机制。首先，在耦合仿真的连续部分，我们需要稳健的、高性能的并行集成算法，它可以在两个时间步长之间的任意（不可预测的）时刻自由地接受事件驱动的离散部分的输入。有些（但不是所有）集成算法具有这样的特性：在任何仿真时间，可以在两个预先规划的步长之间插入一个时间步长或多个新的、更短的时间步长，而不会损失精度或其他关键特性。然而，在实践中，即使积分器具有这种特性，实际的集成代码在开发时并没有考虑到这种能力，它们也没有包含必要的插值器和同步灵活性。

一个更有雄心的研究计划是统一并行连续和并行离散事件仿真的理论和实践。关于这个主题，已经发表了几十篇零散的论文，但是这个问题仍然没有得到广泛的认识，它必然需要较多的国际化研究和努力来阐明这个问题并开发适当的工具。要实现连续和离散仿真的统一将需要开发各种可扩展的并行可变速率积分器，包括显式和隐式的，它们在数值上是稳定的。它们还需要支持可变的、动态变化的空间分辨率（在偏微分方程求解器的情况下）。为了乐观地执行，或者与乐观同步模型有效地耦合，统一的离散和连续仿真器也必须支持回滚。

4.3.3 协同仿真和虚拟仿真

协同仿真源于对嵌入式系统的建模，在嵌入式系统中需要在设计阶段之前和期间同时进行硬件和软件功能的验证，以确保最终制造出的系统能够正常工作。用于协同仿真的方法以及描述模型和仿真正确功能的工具，使用 VHDL、Verilog 和 SystemC。使用这些工具和方法开展嵌入式系统的协同仿真已经相当成熟。尽管现有的一些工具（如 VHDL 和 Verilog）没有用于硬件和软件之间通信的标准接口功能，但用于设计这种类型的系统的 SystemC 和一些工业开发的工具已经在实践中使用了一段时间。

与数字领域相比，连续和离散系统的混合建模和协同仿真及其同步尚未达到在混合复杂系统设计时提供准确结果所必需的水平。连续/离散系统的复杂性使得它们的协同仿真和验证成为一项苛刻的任务，也使得异构系统的设计具有挑战性。这些系统的验证需要从同步和系统间通信的角度提供高抽象级别和精确仿真的新技术。这一点对于开发信息物理系统尤为必要，信息物理系统是连续性组件、离散性组件和嵌入式软件的组合，连续性组件可定义为一组常微分方程或偏微分方程，离散型组件如微控制器用于控制，嵌入式软件通过互联网进行本地和远程操作。

需要研究的问题包括在离散子系统和连续子系统之间适当地共享设计参数，以便任意一个子系统可以在正确的时间访问、产生正确的事件以及任意一个子系统启动事件。此外，以下问题需要进一步研究：调度事件以使其在特定时间发生

（时间事件）或响应模型的变化（状态事件）；调度使用谓词（布尔表达式）描述的事件，其中在协同仿真期间谓词的局部值的更改会触发事件；对异常行为进行建模，如由随机事件引起的异常行为，比如错误或误用；以及防止误用，包括对误用的容错机制。

连续/离散协同仿真的一个最重要的难点是事件驱动离散仿真与数值积分的连续求解器之间的时间同步问题，这影响了仿真的准确性和速度。离散模型和连续模型之间的事件交换对于协同仿真尤其重要。连续模型可能发送状态事件，状态事件的时间戳取决于其状态变量（如零交点事件），离散模型可能发送由输出变化或抽样事件引发的事件，如信号更新事件（Nicolescu et al.，2007 和 Gheorghe et al.，2007）。

由于设计变得越来越复杂，预计针对嵌入式系统开发的一些方法将适用于信息物理系统的协同仿真，并将验证这些系统在各种运行环境下的稳定性、可控性和可观察性。这一领域的挑战还包括开发用于连续、离散和嵌入式的信息物理系统软件组件的协同仿真的工具，以减少这三个子系统之间所需的同步事件。

4.3.4　仿真集合体

复杂的模型代码总是包含描述初始条件的输入，包含在仿真时间内控制或调节系统行为的参数，以及对控制随机行为的随机变量进行初始化的随机种子。严谨的仿真研究通常需要对相同模型代码进行数百次、数千次甚至更多次数的运行，以探索和量化模型可以产生的行为变化，对相同模型代码的多次运行称为仿真集合体。

至少在下面这些情况下需要仿真集合体：

（1）广泛探索和研究模型在不同输入和参数下产生的行为空间；

（2）检验模型行为对输入或参数扰动的敏感性；

（3）为使某些输出指标最大化，寻找最优的输入参数值；

（4）在使用不同的随机种子进行大量运行的过程中，测量模型输出的均值、方差、相关性和其他统计属性；

（5）查找或测量在模型行为中可能发生的罕见事件的频率；

（6）开展不确定性量化研究；

（7）指导和跟踪人在回路的训练仿真的训练进度；

（8）开展运行时性能研究，包括可伸缩性研究。

由于集合体研究几乎是通用的，仿真界应该将集合体研究作为仿真的基本单元，而不是主要集中在单个运行上。在这里，重要的是集合体所需的资源和成本，而不是任何单次运行所需的资源和成本。因此，为了减少资源的利用，优化集合体中的仿真次数通常比优化单个仿真的性能更为重要。同样地，如果完成整个研究的时间很关键，那么对设计的研究就更重要，以便通过并行运行仿真获得更多的并行性，即使这意味着在单个仿真中减少（或没有）并行性。

从作业提交到资源分配，再到计算实验的执行（包括多次运行），需要能够支撑自动创建和执行仿真实验的方法。我们需要定义标准和构建工具来支持集合体级别的仿真。我们应该能够以可移植到多个平台的形式运行单个作业，从而开展整个集合体研究，或者至少是其中的一部分。它应该选择输入、参数值和随机种子，应该根据需求动态地分配并行机器上的节点，在这些节点上启动各个仿真，计算它们的时间估计量，为输出分配文件系统空间，监控它们的正常或异常终止，并在一些仿真终止和释放节点时决定接下来要运行的仿真。用于管理集合体的代码或脚本可能是交互式的，也可能是自主地进行整个灵敏度分析、优化或方差估计研究，并决定运行什么仿真，以什么顺序运行以及何时停止。

4.4 超越大数据:建模、仿真和数据分析之间的协同效应

数据分析和机器学习算法提供了预测能力，但由于缺乏对系统行为的描述，它们从根本上受到限制。建模与仿真填补了这一空白，但没有利用机器学习算法提供的新功能。这些方法的协同结合为系统分析和优化提供了新的途径。

4.4.1 仿真分析

传统的仿真计算对统计信息进行汇总，并向分析人员报告。近年来，基于高性能计算的新方法通过仿真来分析分类数据和样本路径，能够提供更精细的分析结果。例如，大规模高逼真度的多智能体仿真正在越来越多地用于流行病学、灾害响应和城市规划的政策规划和响应。这些仿真具有智能体、环境、基础设施和交互的复杂模型。这些仿真用于针对系统的工作原理提出理论，或开展反事实实验，担任各种“系统级干预”的角色。在这个意义上，仿真可以被认为是定理的证明。此外，仿真也用于形势评估和预测。每种情况下的最终目标都是设计、分析和评价策略。这些策略可以是小群体、地方或国家政府机构的决策者所作出的决定。要在这种情况下使用仿真，通常需要开展统计实验。这些实验可以是因子式实验，也可以是序贯实验并使用自适应设计。计算树就是一个这样的例子。即使是中等规模的设计也会需要大量的运行，因此与大规模系统仿真相结合就会产生大量的数据。

然而，随着仿真变得越来越大规模、越来越复杂，我们会遇到一些挑战。首先，如果仿真计算太密集，无法运行足够的次数，我们就无法获得在统计实验设计中发现最小单元之间显著差异所必需的统计能力。其次，如果事先不知道干预措施，我们将不知道如何进行统计实验。例如，当进行仿真的目的是为假想的灾难场景找到合理的干预措施，就可能出现这种情况。再次，随着系统的不断发展，通常有必要纳入新的信息，从而形成具有特定实时需求的交互式系统。对这种复杂仿真进行分析需要新的方法和技术。一部分问题在于，大规模多智能体仿真在每次仿真运行中产生的数据可能比输入仿真中的数据多得多，即我们最终得到的数据比开始时多。虽然我们已经在大型社会耦合系统的多智能体仿真的背景下讨论了这些问题，但它们也适用于其他类别的生物、物理和信息仿真。更多的讨论可以参见 Marathe et al.（2014）和 Parikh et al.（2016）。

一个广泛的挑战是如何理解仿真结果。人工智能（AI）正在积极研究这一基本问题。如上所述，这个问题分为三个部分。仿真分析适于提出新的算法和机器学习技术，以用于支持上述任务。它们包括以下几点：①如何设计一个仿真以产生正确的结果和仿真数据集；②找到数据集中有趣的模式；③发现潜在的新现象——如何分析仿真结果以获得见解；④将数据与真实世界的观测结果相结合以对所研究的真实世界提供一致的表征。我们将在下面逐一讨论这些话题，也可参见 Barrett et al.（2011，2015）。

（1）汇总：由于这些系统将产生大量的数据，因此需要对仿真数据进行汇总。预计仿真数据可能比用于驱动仿真的数据大几个数量级。在这种情况下，汇总意味着什么？如何总结这些数据？人们如何保存重要的信息以及在最开始时如何找到它？这里的挑战在于，既需要发展和调整统计科学和机器学习技术，也需要发展算法技术。目前数据挖掘的文献中已经存在对汇总的基本内容的研究。对基于仿真的数据进行汇总当然可以使用这些技术，但也有可能需要发展新的方法。

（2）寻找有趣的模式：仿真分析中的一个重要问题是识别有趣的模式。这些模式可能指向异常，可能有助于汇总，或者帮助发现潜在的新现象。这里面临的问题围绕着数据表示和模式表示，以及用于寻找这些模式的有效和可证明的算法。

（3）发现潜在的新现象：这与之前的问题有关，但这里需要考虑问题的语义以发现潜在的新现象。例如，一个好的模式查找算法能够找到在特定仿真中重复的特定大小的集群。知道这些仿真与流行病爆发或恒星形成有关，可能会为社交网络中的超级传播者提供新的线索。

（4）信息融合：一个首要问题是尝试融合由不同仿真组件产生的仿真信息。数据融合是一个重要的问题，我们可以将仿真视为构建数据片段的统一视图的一种方法，这些数据片段是通过测量真实世界的各个方面（系统地或作为便利数据的一部分）收集起来的。在这种情况下，信息的概念不仅需要扩展为数字数据，还需要扩展为过程性和声明性数据，即与事物如何工作或具有什么行为表现有关的信息。的确，仿真提供了一种自然的手段，既可以对稀疏的数据进行插值以形成连贯的视图，又可以让我们推断这些数据以构建潜在可能的世界。信息融合存在于物理系统中，但最明显的是在处理生物、社会和信息系统的建模和推理时，例如，城市交通系统、公共卫生、银行和金融。

（5）可信度：为什么人们要相信仿真结果？在其他部分中有很多关于这个主题的讨论，因此，这里的重点是提出一些方法，使策略分析人员能够看到仿真产生的模式，从而增加仿真结果的可信度。例如，随着仿真的发展，随机仿真可能产生许多可能的分支。有没有一种方法来汇总这些分支以便我们能够理解为什么会发生这种情况？

4.4.2　模型和数据表示

仿真和数据的集成算法提出了关于模型和数据的最有效表征的问题。需要通过表征来促进形式化方法的使用。另一个挑战涉及领域特定语言的创建和高效的翻译器，从而加速模型的构建和应用。在其他环境下也对数据和模型表示进行了研究，包括数据库、数字图书馆和语义网。这些研究的许多概念同样适用。我们将关注以下主题：①对数字化、声明性和过程性数据进行存储和表示的物理和逻辑方法；②对仿真环境中的数据和模型进行推理的形式化方法；③用于系统一致性表示的数据和模型融合。数字图书馆和语义网络社区在这一领域取得了重大进展。非正式数字图书馆指的是数据和数据相关的系统化组织以及一致地访问这些数据集的方法。从这个意义上说，数字图书馆不同于传统数据库。它们通常构建在对结构化或半结构化数据形式的数据进行逻辑表示的基础之上，请参见 Ledig et al.（2011a，b）。

一个重要的研究方向是提出支持仿真和建模的数字图书馆概念和框架。这将需要以下内容：①数据的逻辑和物理组织，数据来自分布在不同位置的原始数据集，以及使用资源描述框架（Resource Description Framework，RDF）及其扩展来提供数据的逻辑组织的结构化（如 RDBMS）和半结构化数据集；②用于内容生成、集展、表示和管理的逐步丰富的服务层次；③描述和开发复杂工作流的语言和方法，以实现对原始数据和仿真数据集的集成，并在保持系统效率的同时对这些数据集进行操作，如图 4.1 所示。

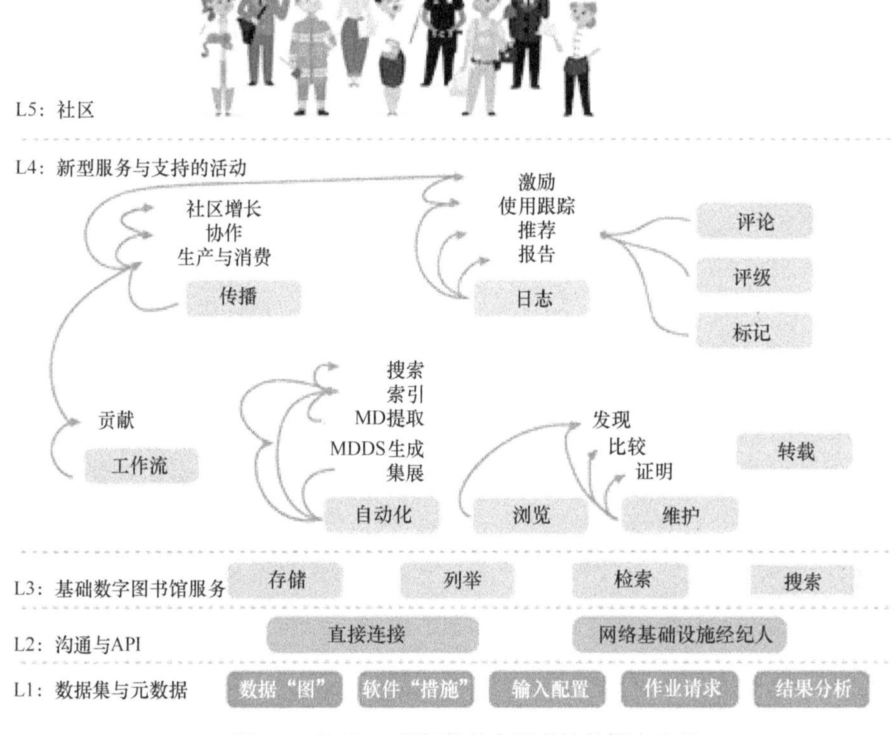

图 4.1　基于 5S 框架的数字图书馆的概念分层

在这种语境下，基于传统数据库概念的逻辑方法是有用的。Jim Gray 和他的同事对使用数据库来组织输入和输出数据进行了很好的论证（Hey et al.，2009）。这个语境不仅可以扩展为支持数据的组织，还可以在运行过程中积极地指导仿真。这些数据库驱动的仿真在不影响总体系统效率的情况下，在表达能力和人员效率方面提供了一种新的能力。使用 RDF 及其扩展来存储和操作数据是非常有前景的——事实上，图形数据库在存储某些类型的数据集方面已经变得非常流行。这些表示形式之间的可扩展性、表达性和效率之间的权衡是研究中的课题（不仅仅是纯理论术语）。

服务：正如 Leidig et al.（2011a, b, c）和 Hasan et al.（2014）所讨论的，最小数字图书馆（Digital Libraries，DL）将提供一组满足预期用例场景的数字图书馆服务。用户组将由领域科学家组成，他们将使用这些服务形成复杂的工作流程，用于支持策略设计。元数据结构和来源信息将输入数据、仿真数据以及与策略相关的实验元数据连接起来。其思想是这些服务形成了一组丰富的、可组合的 API，从某种意义上说，可以将这些 API 组织起来，以逐步支持列表中的高级服务，服务列表如图 4.2 所示。

图 4.2　支持复杂仿真所需的数字图书馆服务示例

4.4.3　大规模数据及数据流管理

在仿真中引入大规模数据和数据流面临着新的数据管理挑战。完成这项研究工作是这个领域的最新倡议（参见 streamingsystems.org/finalreport.html）。研究人员确定了四个基本主题：①编程模型；②算法；③引导和人在回路；④基准。大部分讨论都适用于与本书相关的问题，因此，我们将在这里进行简要的讨论。

就其本身而言，建模与仿真背景下的数据流包括可能输入到仿真中的流数据，例如，作为物联网愿景的一部分、测量社会或物理系统属性的传感器数据。但数据流包括对仿真数据的计算和推理，通常这些数据集的规模是令人望而却步的。因此，它们最好被视为数据流，并需要动态处理以生成有意义的数据集。

4.4.4 定性建模

在大多数情况下，对物理系统建模和基于使用这些模型而产生的仿真结果的决策过程，是基于定量地描述系统输入和输出之间关系的数值参量。虽然这样的模型对物理系统来说是足够的，但它们不能满足仿真界在复杂系统建模和仿真方面的需求，如认知科学、知识工程、健康科学、人工智能等领域的需求。在这些系统中，描述输入和观测到的输出之间关系的模型是定性的或是用语言的形式。这类模型比定量模型更接近人类的思维方式，易于理解。

虽然这些模型的特点更适合人类的思维和判断，但目前还没有有效的计算算法来构建和运行这些模型。用于定性数据挖掘和特征提取、模式识别、传感器和传感器网络的定性模型开发的有效工具还处于起步阶段，特别是在考虑复杂系统时。

设计复杂的动态系统需要从经验中获得技能，而将人类技能转化为自动控制器的设计所涉及的问题仍然具有挑战性。技能的转化和重建可以使用从操作人员的行动中收集的信息（Bratko and Suc，2003）。然而，这种转化只在简单系统中进行过尝试，它们对于复杂系统的适用性还需要测试。

与技能转化类似，物理世界直观知识的表征、使用这些知识执行复杂任务的高级推理方法以及人类常识推理的计算模型的构建，都需要通过使用有效和更好的工具来变得成熟。

离散化可以用来转换能够用符号表示和推理的事物。它提供了一种抽象方法，用于在只涉及部分知识的情况下构建模型，在这些情况下几乎不知道任何细节知识。在这些情况下，定性模型可以用来从最小的信息中推断出尽可能多的信息。例如，“我们在麦当劳”和“我们在曼哈顿大街的麦当劳”（Forbus，2008）。在构建能够以更具有描述性的形式表示这部分知识的模型方面仍然存在挑战，并且也需要研究工具来构建能够理解类比和隐喻的模型。

一些用于定性建模的方法包含了定性数学，这个方法是简单的，可以为给定的情况建立正确的模型（Bratko and Suc，2003）。然而，这些模型缺乏通用性（即每一种情况都需要一个新的模型），并不是所有的模型构建技能都在描述中体现出来。

定性建模的另一个挑战涉及相关性、模糊性、本体建模和复杂系统建模的成熟定性数学。基于传统数学的本体建模往往是非正式的，非正式的决策被用来决定在某种情况下应该包括什么实体，什么现象是相关的，以及什么简化是合理的。定性建模将通过提供可将建模过程自动化（完全或部分地取决于任务）的形式语言，从而使这些隐含的知识变得明确。

如何用本体论框架来组织建模知识，如何从这些知识中自动组装模型以用于复杂任务的研究，还有认知科学家特别感兴趣的如何应用定性模型，包括如何利用它们描述科学家和工程师的专业知识以及如何将它们用于教育，这些问题仍然有待解决。定性建模和认知科学其他领域中形成的思想之间的关系等开放式问题也需要得到解决。

在诸如健康科学（如心血管系统）和认知科学等复杂系统的应用中，准确和精确的定量/定性混合建模和仿真仍然面临着挑战，这需要进一步的基础研究（Nebot et al.，1998）。

参考文献

[1] Barnes, P.D., C.D. Carothers, D.R. Jefferson, and J.M. LaPre. 2013. Warp speed: Executing time warp on 1,966,080 Cores. Principles of Advanced Discrete Simulation 327-336.

[2] Barrett, C., S., Eubank, A. Marathe, M. Marathe, Z. Pan, and S. Swarup. 2011. Information integration to support policy informatics. The Innovation Journal 16 (1): 2.

[3] Barrett, C., S., Eubank, A. Marathe, M. Marathe, and S. Swarup. 2015. Synthetic information environments for policy informatics: A distributed cognition perspective. E. Johnston (Ed.),Governance in the Information Era: Theory and Practice of Policy Informatics. New York:Routledge, 267-284.

[4] Bratko, I., and D. Suc. 2003. Data mining. Journal of Computing and Information Technology.

CIT 11 (3): 145-150.

[5] Darema, F. 2004. Dynamic data driven applications systems: A new paradigm for application simulations and measurements. In International Conference on Computational Science.

[6] Dollas, A. Big data processing with FPGA supercomputers: Opportunities and challenges. In Proceedings of 2014 IEEE Computer Society Annual Symposium on VLSI, 474-479.

[7] Forbus, K.D. 2008. Qualitative modeling. In Handbook of Knowledge Representation. Chap. 9. Elsevier B.V.

[8] Fujimoto, R.M. 2016. Research challenges in parallel and distributed simulation. ACM Transactions on Modeling and Computer Simulation 24 (4).

[9] Gheorghe, L., F. Bouchhima, G. Nicolescu, and H. Boucheneb. A formalization of global simulation models for continuous/discrete systems. In Proceedings of 2007 Summer Computer Simulation Conference, 559-566. ISBN:1-565555-316-0.

[10] Grandison, T. and M. Sloman. 2000. A survey of trust in internet applications. IEEE Communications Surveys and Tutorials 3 (4): 2-16.

[11] Hasan, S., S. Gupta, E.A. Fox, K. Bisset, and M.V. Marathe. 2014. Data mapping framework in adigital library with computational epidemiology datasets. In Proceedings of the IEEE/ACM Joint Conference on Digital Libraries (JCDL). London, 449-450.

[12] International Telecommunication Union, Recommendation ITU-T Y.2060. 2012a. Overview of the internet of things.

[13] International Telecommunication Union. 2012b. The state of broadband: Achieving digital inclusion for all. Broadband Commission for Digital Development Technical Report,September 2012.

[14] Leidig, J., E. Fox, K. Hall, M. Marathe, and H. Mortveit. 2011a. Improving simulation management systems through ontology generation and utilization. In Proceedings 11th annual international ACM/IEEE joint conference on Digital libraries, 435-436.

[15] Leidig, J., E. Fox, K. Hall, M. Marathe, and H. Mortveit. 2011b. SimDL: A model ontology driven digital library for simulation systems. In Proceedings of the ACM/IEEE Joint Conference on Digital Libraries, 81-84.

[16] Leidig, J., E. Fox, and M. Marathe. 2011c. Simulation tools for producing metadata descriptionsets covering simulation-based content collections. In International Conference on Modeling, Simulation, and Identification. p. 755(045).

[17] Marathe, M., H. Mortveit, N. Parikh, and S. Swarup. 2014. Prescriptive analytics using synthetic information. Emerging Methods in Predictive Analytics: Risk Management and Decision

Making. IGI Global.

[18] Moulds, R. The internet of things and the role of trust in a connected world. The Guardian, January 23, 2014. Accessed June, 2014. http://www.theguardian.com/media-network/media-networkblog/2014/jan/23/internet-things-trust-connected-world.

[19] Nebot, A., F.E. Cellier, and M. Vallverdu. 1998. Mixed quantitative/qualitative modeling and simulation of the cardiovascular system. Computer Methods and Programs in Biomedicine 55(1998): 127-155.

[20] Nicolescu, G., H. Boucheneb, L. Gheorghe, and F. Bouchhima. Methdology for efficient design of continuous/discrete-events co-simulation tools. In Proceedings of 2007 Western Simulation Multiconference, 172-179. ISBN 1-56555-311-X.

[21] Parikh N., M. V. Marathe, and S. Swarup. 2016. Simulation summarization: (Extended abstract).In Proceedings of the 2016 International Conference on Autonomous Agents & Multiagent Systems (AAMAS '16). Richland, SC, 1451-1452.

[22] Tsoi, H. and W. Luk. 2011. FPGA-based smith-waterman algorithm: analysis and novel design. In Proceedings of the 7th international conference on Reconfigurable computing: architectures, tools and applications, 181-192. Springer-Verlag Berlin, Heidelberg. ISBN:978-3-642-19474-0.

[23] Woods, L. 2014. FPGA-enhanced data processing systems. Ph.D. Dissertation, ETH ZURICH.

第5章 建模与仿真中的不确定性

5.1 建模与仿真不确定性的数学基础

对复杂的现实世界过程进行建模和仿真已经成为科学、工程、医学和商业等各个领域的关键组成部分。模型开发的基本目标通常包含两个方面：第一个目标是从科学的角度解释独立/可控的模型输入变量与相关响应或其他关注的数量值（Quantities of Interests，QOI）之间的关系，第二个目标是使用模型和仿真进行预测和决策。无论是用于解释还是预测，模型都无法完全解释（部分观察到的）过去事件或预测未来事件。因此，理解模型在认识层面的局限性及其预测中固有的不确定性是至关重要的。

人们认识到概率论是唯一符合既定认识论规范原则的不确定性理论。概率被定义为一般空间上的一个有限度量。作为概率测度柯尔莫哥洛夫定理（Aleksandrov et al.，1999）的基础，规范性原则提供了与数学分析原则一致的理论和分析论证。因此，概率论是独特的，它的具体用途是通过作为现代哲学和数学基础的度量理论来量化不确定性。非概率方法，如基于区间、模糊集或不精确概率的方法，缺乏一致的理论和哲学基础。

即使研究人员一致认为贝叶斯概率论是建模与仿真不确定性的数学基础，但对该理论的哲学解释也存在差异。在工程和建模仿真领域，人们非常重视验证和校核（Validation&Verification，V&V）以及不确定性量化（Uncertainty

Quantification，UQ）（ASME，2006；NAS，2012）。验证和校核包括旨在确定模型是否“正确”和“可信”的活动。同样，不确定性量化的目标是量化使用一个模型所固有的不确定性，并检查这些不确定性是如何反映在模型的预测中的。工程和建模仿真领域对不确定性的处理往往从客观概率的角度出发，这与贝叶斯的观点不一致。这种处理的前提是不确定性可以被客观量化，并且这种量化可以基于重复（过去的）实验的数据。从贝叶斯概率论的观点来看，在大量重复实验中，将概率作为相对频率的极值是不合理的。在预测中需要“外推法”或无法收集实验数据时尤其如此，例如，在一个人类和经济因素发挥重要作用的工程设计环境中但被设计的产品还不存在时。相反，重要的是要认识到概率表达的是主观信念。即使这些信念有时强烈地受到大量相关数据的影响，当通过贝叶斯更新将这些数据纳入时，它们仍然是主观信念的表达。

尽管不确定性量化的工程实践正逐渐受到来自现代统计、概率和哲学的严谨方法的影响和丰富，而且这个问题正越来越多地从贝叶斯的角度来解决（Kennedy and O’hagan，2001；Oden et al.，2017），但一些现有的校核和验证以及不确定性量化文献似乎将专用方法程式化，缺乏一致的理论和哲学基础。在不确定性量化与校核和验证的研究中，有的文献推行的分类法对随机不确定性和认知不确定性具有不同的定义，这样的文献对不确定性的识别就是一个这样的示例。只有当建模者试图采用经典的费舍尔（频率主义者）方法时，在预测建模中区分随机不确定性和认知不确定性才是重要的，因为在费舍尔方法中随机不确定性的量化是重点。在过去的五十年里，费舍尔的方法，在哲学上与冯·米塞斯所解释的客观概率一致，已经很大程度上被贝叶斯方法取代。这克服了经典方法的哲学缺陷（例如，贝叶斯置信度取代了费舍尔假设检验）。从贝叶斯的角度来看，没有必要对随机不确定性和认知不确定性进行区分，因为在现代概率论中，这两者都很容易被描述出来。类似地，不确定性量化与校核和验证文献也引入了模型有效性的各种定制化度量指标。由于建立预测模型为了辅助决策，在决策环境中定义有效性的概念似乎是合乎逻辑的。那么，人们将根据价值而不是有效性来应对不确定性，这在 5.2 节中作了进一步阐述。

虽然概率论为应对不确定性提供了基础，但概率论在建模与仿真中的应用仍存在实际挑战。虽然物理过程（例如，热、电、化学、机械、多物理）是通过从物理定律中构建的模型来理解的，但我们对于预测基于物理学模型的逼真度的“确定性”没有这样的基础——不存在“不确定性物理学”。相反，不确定性是一种主观判断。唯一可用来描述不确定性的基于物理学的断言是“独立性”（通常通过“条件独立性”来表述）和平稳性。独立性（以及平稳性）是一些为数不多的随机过程的一个关键因素，这些随机过程服从分析，如布朗运动、利维过程、再生过程、马尔可夫过程、极值过程和分支过程，对于这些随机过程，我们有（可能是功能上可获取的）概率定律。然而，在工程系统中独立性很少是合理存在的。在复杂系统的建模与仿真中，这成为一个更令人生畏的问题，在这些复杂的基于物理学的模型被视为随机域的轨迹时，没有足够的独立结构来形成概率定律的函数表征。

总之，有必要对建模与仿真不确定性的贝叶斯观点进行统一。目前，都是孤立地对诸如模型校准、验证、不确定性传播、实验设计、模型优化和不确定性下的决策等活动开展研究，并且这些活动被视为模型开发之后的活动。虽然在以贝叶斯概率理论为基础和数学模型应在实践中应用这两个方面达成了共识，但关于概率的含义存在着哲学上的分歧。这在建模与仿真领域中导致了严重的分裂，新的定制化算法和模型不断被提出，但很少被其他从业者重用。因此，对于建模与仿真领域来说，重要的是要充分了解和利用现有的概率论（如哲学、数学和科学所提出和接受的），而不是提出竞争方法，这些方法充其量是与现有方法相冗余的，最糟糕的是无效的。

5.2 决策背景下的不确定性

很多时候，建模与仿真最终用于指导工程、医学、政策和其他领域的决策。系统工程师根据风险做出设计决策。医疗专业人员在制定治疗策略时考虑不确定性。不确定的气候模型影响政策决策。很明显，对不确定性的持续考虑会得到更好的决策。

如果模型开发是独立于其在决策中的最终使用而进行的，那么人们就会得出结论，减少不确定性总是更好的。在这种情况下，建模人员在预算约束下开发出可能的最佳模型，并将其提供给决策者，决策者的任务是引入价值判断，并使用可用的模型做出决策。然而，这是一种处理不确定性的低效方法。人们明确认识到必须在最终的应用场景（Context of Use，COU）下考虑建模与仿真，这定义了模型在决策过程中的角色和范围以及可用的资源。建模人员必须根据对决策的潜在影响来决定要花费多少精力和资源。基于这些影响，他们可能会决定以减少不确定性为目标来改进模型。在做出这些决定时，建模者的角色不是简单地量化模型的不确定性，而是管理不确定性。不确定性管理（Uncertainty Management，UM）是建模与仿真中的一个更广泛的活动，包括：①确定决策应用场景和建模的目标；②识别不确定性决策的影响；③确定降低不确定性和相关成本的选项；④评估这些选项对目标的影响；⑤使用严谨的方法做出一致的建模决策。

建模与仿真过程是目的驱动的活动。建模活动的价值取决于为其开发模型的特定应用场景。如果目标是支持在不同的备选方案中进行选择，就应该只收集能够确定最佳备选方案的信息。例如，在工程设计中，模型的主要应用场景是帮助设计师在多个设计方案中进行选择，使设计师的价值最大化。因此，模型逼真度的选择依赖于设计师的价值，设计师的价值由其偏好函数量化。

在决策理论中已经建立了对偏好进行建模的各种方法。在风险和不确定性存在的情况下量化偏好和价值权衡的方法之一是运用效用理论（Keeney and Raiffa，1993），该理论基于冯·诺伊曼和摩根斯特恩最初提出的公理（von Neumann and Morgenstern，1944）。效用理论是基于诸如确定性等价的原则来估计偏好结构的严格方法的基础。它是微观经济学的基础，并日益被工程设计和系统工程等许多应用领域采用。

虽然效用理论可以用来形式化描述一个正在为其开发模型的决策者的偏好，但由于一些原因，这可能是具有挑战性的。首先，在模型开发过程中，模型开发人员可能不能直接访问决策者或他/她的偏好结构。在最初为支持一个决策而开发的模型被用于另一个决策时，尤其如此。其次，决策者的偏好可能会随着时间的推移而变化，或者随着可用信息的增多而变得可用。再次，建模工作可能由多种用途驱动，因此可能有多个目标决策。最后，建模工作有时可能是由外部因素驱动的，与目标决策无关。这些挑战阻碍了现有方法的直接应用，需要研究界开展进一步的研究。

在对偏好结构进行量化之后，下一步就是评估建模选择对目标决策的影响。模型可以提高决策的价值，但也会产生成本。它们不仅需要计算、金钱和人力资源，还需要时间。模型的价值和相关成本之间的权衡引发了一个广泛的问题：应该在建模活动中投入多少精力来支持决策制定？这个问题可以通过将不确定性管理本身建模为决策过程来解决。具有不同逼真度的不同模型，会产生不同的准确性和成本。模型的选择将对决策的预期结果产生影响。更准确的模型预测往往会带来更有价值的决策结果，但成本也更高。如果决策结果的期望价值或效用的增加大于建模的预期成本，那么建模活动是值得进行的。人们可以把这个过程看作有效的信息收集：选择使信息净值最大化的信息源（例如，模型和相应的仿真）（Lawrence，1999）。

虽然制定建模决策的这条标准很容易陈述，但是在模型开发过程中进行实现可能是具有挑战性的。该标准要求在决策中对成本和提升进行比较。用相同的单位来量化这两个量可能是困难的。成本一般涉及：①收集数据的成本；②描述预测中不确定性所需的计算工作；③雇用领域专家提供不确定性评估的费用。我们需要方法来将这些成本属性合并到一个度量中。此外，需要做出其他影响信息预期价值的建模选择：决定从哪个模型中取样，决定收集多少实验数据，决定是否细化模型，选择模型逼真度级别，选择通用建模方法（例如，连续仿真还是基于智能体的仿真），确定模型验证策略，决定是重用现有模型还是开发新的定制模型，选择模型的抽象级别，决定集成哪些多尺度模型，决定以不同的尺度组合模型，等等。每个决策都可以从信息价值最大化的角度进行建模。这种通用策略已被用于各种技术，如基于序贯信息获取的贝叶斯全局优化（Jones et al.，1998）、模型选择决策（Moore et al.，2014）以及模型校准和验证决策。由于贝叶斯方法能够整合不同来源的不确定性（参数和数据）并且融合先验知识，因此贝叶斯方法变得尤为重要（Farrell et al.，2015）。

上面列出的决策通常是按顺序做出的，而不是在一个单独的步骤中。例如，模型抽象级别的选择是在指定参数值的详细信息之前进行的。决策过程可以建模为一个决策网络，不同的决策可能由不同的个体做出，可能是在不同的团队中，甚至是不同的组织中。除了个人决策，决策网络的结构也会影响结果。从不确定性管理的观点来看，关键问题是：如何有效地为建模与仿真活动分配资源，以使从决策网络中获得的价值最大化？这本身就是一个具有计算挑战性的动态决策问题。

建模与仿真活动所在的组织管理环境提出了额外的挑战。例如，建模与仿真可能是系统工程过程的一部分，而系统工程过程又是整个业务过程的一部分。因此，建模活动可能与组织内的许多其他活动争夺资源，或者可能基于外部因素（如市场竞争）而施加时间限制。因此，有必要建立在组织目标的范围内为不同活动和目标划分预算的方法。

总之，建模与仿真面临三个与决策相关的关键研究挑战。第一是在多个实体参与决策且其偏好可能相互冲突的情况下，如何从组织内的总体目标中一致地推断出单个不确定性管理活动的偏好函数。第二是将物理量的不确定性映射到效用函数。第三是包含信息获取的序贯决策过程的复杂性。解决这些挑战将有助于划分和分配组织资源，以便在不确定性条件下进行建模与决策。

5.3 复杂系统建模中的聚合问题

信息聚合是复杂系统建模与仿真的一个组成部分。管理复杂性的常见方法是遵循分而治之的策略，该策略涉及基于各种标准对建模活动进行划分，例如基于物理现象的类型、详细程度、个人的专业知识和组织结构。然后将系统的子模型集成到系统级模型中，以提供系统行为的整体表示。基于划分建模任务的标准，这些方法被称为多物理、多学科、多逼真度和多尺度方法。从计算材料科学到关键基础设施设计，这些方法在许多应用领域得到了越来越多的关注（Felippa et al.，2001）。例如，在计算材料科学中，模型是在多个层级上开发的，包括连续、细观和微观以及原子层级。

信息聚合和建模与仿真的许多挑战有关。首先，对模型进行组合需要理解不同层级上的物理现象，以及它们如何能够跨不同层级进行无缝集成。在多尺度建模文献中，这被称为尺度桥接，并且当下正在研究包含从层次化建模到并发建模的各种策略（Horstemeyer，2010）。其次，需要对不同尺度的不确定性建模采用严格的方法。由于开发模型的个人、团队和组织不同，不确定性的来源和单个模型的适用范围可能是不同的。在不同的模型中，建模假设可能不一致。这些模型之间的不一致性可能导致在总体水平上对行为的错误预测。

这种分而治之策略的一个更大的挑战是，即使实现了不同模型之间的一致性，聚合的基本性质也可能由于路径依赖问题而产生错误的结果。Saari（2010）表明，多层次的方法可以作为聚合过程的泛化。尽管每个较低层次的模型都为看起来合乎逻辑的输出提供了强有力的证据，但总体层面上的结论可能是不正确的。总体层面的输出可能仅仅反映各低层次模型的组装方式，而不是实际的系统行为（Saari，2010；Stevens and atamturr，2016）。这种不准确的主要原因是分治策略产生的拆分丢失了信息。

在群体决策的偏好聚合方面，人们对源自聚合的潜在不准确性已经进行了详细的研究。已有研究表明，聚合过程可能导致决策中的偏差（Saari and Sieberg，2004；Hazelrigg，1996）。基于仿真的设计就意味着常用的基于归一化、加权和排序的决策方法很可能导致不合理的抉择（Wassenaar and Chen，2003）。这在建模与仿真中尤其重要，因为正如 5.2 节所讨论的，模型开发过程涉及不同决策者的许多决策。聚合后的系统级模型代表了各个低层级模型开发人员的信念和偏好的聚合。因此，偏好聚合导致的不准确性是复杂系统建模与仿真的一个基本挑战。总之，在对复杂系统进行建模时，有必要认识和解决涉及物理相关和偏好相关信息聚合的挑战。

5.4　建模与仿真中人的因素

建模与仿真中人的因素很重要，原因包含两个方面。第一，人类是社会技术系统的组成部分，如电网、智能交通系统和医疗系统。因此，准确地对人的行为进行建模是对整个系统行为进行仿真的必要条件。第二，模型的开发人员和用户是人类决策者。因此，模型开发和使用过程的有效性高度依赖于决策者的行为。

随着由人、联网计算设备和物理机器组成的智能网络系统和社会（Simmon et al.，2013）的迅速兴起，在整个系统中对人类进行建模已经成为建模与仿真活动的重要组成部分。在这样的信息-物理-社会系统中，人类通过网络接收信息，与不同的设备进行交互，并做出影响系统状态的决定。对这类系统进行建模的关键挑战是确定如何将人类行为纳入系统的形式化模型中。由于生理、心理和行为方面的复杂性和不确定性，对人类行为进行建模是具有挑战性的。人类通常被建模为具有诸如年龄、性别、人口统计信息、风险容忍度等属性，以及具有生产和能源使用等行为。这种方法在基于 Agent 的模型中很常见。另一类模型是人在回路模型，其中人是仿真的一部分。

如前所述，建模与仿真是一个决策过程，决策者是人。众所周知，人类会出现偏离理想的、理性的行为。例如，决策者在对不确定性的判断（Kahneman et al.，1982）、偏好的不一致性以及在利用预期效用理论过程中会表现出系统性偏差。导致偏离规范模型的因素有很多，比如认知限制、性能误差和对规范模型的不正确应用（Stanovich，1999）。

人类决策的规范性模型和描述性模型之间的差距已经在行为决策研究和心理学领域得到了充分的记录。行为实验提供了关于人类如何偏离规范性模型的见解，这些理论已经被用来发展心理学理论以解释这些偏差。这些偏差已经在描述理论中得到建模，如前景理论、双重过程理论和许多其他理论。也有学者基于简单启发式提出了关于决策制定的其他理论（Gigerenzer et al.，1999）。这些启发式方法从简单的一步决策扩展到每一步获取信息的多步骤决策。行为研究也扩展到使用博弈论建模的交互式决策（Camerer，2003）。最近，心理学家开始探索神经科学，将其作为一种理解人类行为，特别是决策的方法（Camerer et al.，2005）。

虽然在理解人类作为决策者方面已经取得了重大进展，但在建模与仿真活动中对这一知识的利用仍然有限。目前还存在许多开放的问题，如：①这些偏差如何影响建模决策的结果？②如何减少这些偏差？③如何在建模与仿真过程中减少这些偏离合理性的影响？④向决策者表达和传达不确定性信息的最佳方式是什么？⑤特定领域的专业技能和知识对偏离理性行为的影响是什么？⑥新手和专业建模者的偏差有差异吗？

从组织管理的角度来看，建模过程涉及多个个体。不同的人可能有不同的信念，可能受到不同价值观的驱动，也可能受到不同类型偏差的不同影响。这些价值观、信念和偏差根植于他们的个体模型中。我们需要进一步的研究来确定这些要素如何在一个组织内相互作用，从而确保跨价值观和信念的一致性，并且克服个体的偏差。本小节列出的问题显然不是全面的，但它强调了在建模与仿真中考虑人的因素的重要性，并为进一步的研究提供了一些指导。

总而言之，考虑人的因素对于更好地构建包含人的系统模型和社会技术系统仿真是很重要的。此外，考虑人的因素对于更好地理解人类在建模决策过程中存在的偏差很重要。在建模与仿真中解决人的因素将有助于为智能网络系统和社会设计出更好的控制策略、更好的建模与仿真流程、组织资源的有效分配以及更好的模型驱动决策。致力于回答这些问题的研究需要领域特定建模研究人员和社会、行为和心理科学研究人员之间的合作。

5.5 建模与仿真不确定性的沟通和培训

关于建模与仿真中的不确定性的另一个挑战是：如何在不同的利益相关方之间有效地对模型预测进行沟通？特别是在模型重用或将模型从模型开发人员转交

给决策者时，清楚地说明关键的基本假设以及它们对所关注量的预测（QOI）的潜在影响是很重要的。还应该评估并有效地表示关键结果对可选建模假设的敏感性。同时，还需要开发可视化工具来说明不确定性来源，它们如何传播，以及它们对整个关注领域的影响。

与对不确定性进行沟通相关的是对学生和教师的培训。目前，本科生通常只学习与每门课程相关的现有模型，而不了解建模过程的重要性，也不了解相关假设和不确定性的关键评估。例如，在工程设计课程中，经常向学生们介绍处理不确定性的定制化方法，如“安全系数”的使用。概率论和统计学的课程通常是选修课，但不是必修课，学生通常在接触概率论和统计学之前，就会学习高级科学和工程课程。此外，工程类本科生的概率论和统计学课程主要涉及数据分析，对在不确定性情况下进行预测和决策很多很重要的概念并没有介绍。

因此，需要在工程和科学中开设一门关于概率的现代课程，让学生具备对不确定性和风险进行推理的基础知识。现代课程应该培养学生对建模与仿真在相互联系的世界中解决复杂问题所能发挥的作用的认识。课程还应该向建模者、决策者和其他利益相关者强调不确定性和风险的有效沟通。

5.6　其他问题：大规模数据的集成

无处不在且易于使用的云计算的出现更易于支撑仿真对真实世界海量数据集的利用，即“大数据”。很自然地，真实世界的数据集可以用来为模型及其输入提供信息，或者也可以通过比较输出行为和真实世界的观测结果来验证这些模型。现实世界的大数据集面临的一个挑战是，它们可能是不完整的或有噪声的，包括在不同环境中采集的样本，因此需要基于协变量信息（上下文元数据）进行“去趋势化”。此外，再次考虑到特定的仿真目标，许多甚至大多数可用的样本特征对于仿真目标来说可能是多余的。噪声和多余的特征可能导致不准确（例如，过度拟合）和不必要的复杂模型。数据科学家已经提出一些方法来减少或组合样本数据集的特征，例如，使用多维缩放或主成分分析这样的经典方法。这一领域的未来工作包括特定于模型的特征选择技术。注意，大数据集可能不仅有大量的样本，而且样本具有大量的特征（高特征维数）。因此，在这一领域的未来工作也包括可扩展（低复杂性）和自适应技术，后者用于动态、时变的场景。

通过利用机器学习算法，大规模数据集也经常被用于推导复杂的经验关系。在这种情况下，过度拟合是一个常见的问题。交叉验证或留出检验提供了在训练集中没有遇到过的新条件下对模型预测能力的直接验证。这种方法使用大多数数据校准或校正模型，而保留一些未在模型校准过程使用的数据来预测实验或观测结果中。描述外推设定和罕见事件中的不确定性是具有挑战性的课题，需要发展包含严谨的数学、统计学等科学和工程原理的新研究方法。

参考文献

[1] Aleksandrov, A. D., A. N. Kolmogorov, and M. A. Lavrent’ev. 1999. Mathematics: Its Content, Methods and Meaning. Courier Corporation.

[2] ASME Committee PTC-60 V&V 10. 2006. Guide for verification and validation in computational solid mechanics. https://www.asme.org/products/codes-standards/v-v-10-2006-guideverification-validation.

[3] Camerer, C.F. 2003. Behavioral Game Theory: Experiments in Strategic Interaction. Princeton University Press.

[4] Camerer, C.F., G. Loewenstein, and D. Prelec. 2005. Neuroeconomics: how neuroscience can informeconomics. Journal of Economic Literature 43 （1）: 9-64.

[5] Farrell, K., J.T. Oden, and D. Faghihi. 2015. A Bayesian framework for adaptive selection,calibration, and validation of coarse-grained models of atomistic systems. Journal of Computational Physics 295: 189-208.

[6] Felippa, C.A., K.C. Park, and C. Farhat. 2001. Partitioned analysis of coupled mechanical systems.Computer Methods in Applied Mechanics and Engineering 190 (24): 3247-3270.

[7] Gigerenzer, G., P. Todd, and A. Group. 1999. Simple Heuristics that Make us Smart.

[8] Hazelrigg, G.A. 1996. The implication of arrow's impossibility theorem on approaches to optimal engineering design. ASME Journal of Mechanical Design 118: 161-164.

[9] Horstemeyer, M.F. 2010. Multiscale modeling: a review. In Practical Aspects of Computational Chemistry: Methods, Concepts and Applications. Chap. 4, Springer Netherlands, 87-135.

[10] Jones, D.R., M. Schonlau, and W.J. Welch. 1998. Efficient global optimization of expensiveblack-box functions. Journal of Global Optimization 13: 455-492.

[11] Kahneman, D., P. Slovic, and A. Tversky. 1982. Judgment Under Uncertainty: Heuristics and Biases. Cambridge University Press.

[12] Keeney, R.L., and H. Raiffa. 1993. Decisions with Multiple Objectives: Preferences and Value Tradeoffs. Cambridge: UK, Cambridge University Press.

[13] Kennedy, M.C., and A. O'Hagan. 2001. Bayesian calibration of computer models. Journal of the Royal Statistical Society Series B-Statistical Methodology. 63: 425-450.

[14] Lawrence, D.B. 1999. The Economic Value of Information. New York, NY: Springer.

[15] Moore, R.A., D.A. Romero, and C.J.J. Paredis. 2014. Value-based global optimization. Journal of Mechanical Design 136 (4): 041003.

[16] National Academy of Science (NAS). 2012. Assessing the reliability of complex models:mathematical and statistical foundations of verification, validation, and uncertainty quantification.NAS Report. doi:10.17226/13395.

[17] Oden, J. T., I. Babuska, D. Faghihi. 2017. Predictive computational science: computer predictionsin the presence of uncertainty. In Encyclopedia of Computational Mechanics, Wiley and Sons(to appear).

[18] Saari, D.G., and K. Sieberg. 2004. Are part wise comparisons reliable? Research in Engineering Design 15: 62-71.

[19] Saari, D.G. 2010. Aggregation and multilevel design for systems: finding guidelines. Journal of Mechanical Design 132 (8): 081006.

[20] Simmon, E.D., K-S. Kim, E. Subrahmanian, R. Lee, F.J. deVaulx, Y. Murakami, K. Zettsu, and R.D Sriram. 2013. A Vision of Cyber-Physical Cloud Computing for Smart Networked Systems.NISTIR 7951. http://www2.nict.go.jp/univ-com/isp/doc/NIST.IR.7951.pdf.

[21] Stanovich, K.E. 1999. Who Is Rational? Studies of Individual Differences in Reasoning. Mahwah,NJ: Lawrence Erlbaum Associates Inc.

[22] Stevens, G. and S. Atamturktur. 2016. Mitigating error and uncertainty in partitioned analysis: areview of verification, calibration and validation methods for coupled simulations. Archives of Computational Methods in Engineering, 1-15.

[23] von Neumann J. and O. Morgenstern. 1944. Theory of Games and Economic Behavior. Princeton University Press.

[24] Wassenaar, H.J., and W. Chen. 2003. An approach to decision-based design with discrete choice analysis for demand modeling. ASME Journal of Mechanical Design 125 (3): 490-497.

第6章 模型重用、组合和适配

模型重用的动机是显而易见的。模型是知识产品，因此，它们的重用为科学家、工程师和教育工作者提供了“站在巨人的肩膀上”的机会。模型通常也表现为经过大量的努力开发并经过严格测试、校核和验证的软件。重用该软件带来的潜在成本和劳动力节省的吸引力是可以理解的。

然而，模型的重用是令人困惑的，因为模型在某种意义上特别脆弱——模型是对现实感知的有目的的抽象和简化。这种认知是在一套可能未知的物理、法律、认知和其他类型的约束和假设下形成的。最终的结果是，重用模型往往比（例如）重用排序算法的实现更具挑战性。

虽然一些实践领域（例如微电子设计、国防训练）可以被认为是发展及应用模型重用技术和业务实践的成功案例，但仍然难以找到对这个重要问题的通用解决方案。

在模型重用和更广泛的软件重用领域已经存在许多重要的工作。虽然提供一个全面的综述超出了本书的范围，但我们在此引用几项著名的工作。在这份报告中，我们重点关注三个不同的领域，以供进一步研究：

（1）重用理论的进展。如果没有坚实的理论基础，我们就无法完全了解我们希望通过重用来实现的目标的基本限制。如果制定得当，好的理论也可以带来稳健可靠的重用实践。

（2）重用实践的进展。在这方面，我们考虑以下问题：①广泛的建模和仿真（M&S）；②数据；③知识的发现和管理。

（3）重用在社会、行为和文化方面的进展。此处我们考虑激励是如何刺激或阻碍重用的。

6.1 重用理论的进展

重用的定义为“再次使用之前开发的资产，用于最初开发它的目的，或用于新的目标或新的背景”（Petty et al.，2010），可重用性的定义为“产品、方法或策略可以被再次或多次使用的程度”（Balci et al.，2011）。在重用的定义中，资产是“相关产品的可重用集合”。资产可以是软件组件、数据集、文档、设计图或其他开发产品，但是为了简洁和简单，我们在这里使用这个术语主要指软件组件。

在建模与仿真的语境下，一个资产是实现了模型的全部或部分功能的一个软件组件（例如，实现了喷气式飞机引擎的基于物理模型的软件组件），或支撑一个模型所需的全部或部分功能的软件（例如实现了基于 XML 的场景初始化操作的组件）。当需要区分时，将前一类称为模型组件，后一类称为支撑组件。

元数据是关于组件的补充信息，可以用于多种目的。在建模与仿真中，模型组件的元数据可以描述模型的功能、预期用途、假设和不确定性，从而能够支持组件的合理重用和减少组件不合理重用（Taylor et al.，2015）。

我们观察到，任何建模与仿真的重用理论都需要从“整体结构”中形成。一些计算和数学的理论能够支撑建模与仿真重用理论的发展，包括可计算性理论、计算复杂性理论、谓词逻辑、算法信息理论、模型理论和分类理论。

6.1.1 建模与仿真重用方面的理论工作

下面简要总结建模与仿真重用相关的以往理论工作，并对几项关键结果进行阐述。

1．可组合性

可组合性是以不同的组合方式选择并组装仿真组件形成仿真系统，以满足特定用户需求的能力（Petty and Weisel，2003）。尽管可组合性和可重用性不是同一个概念（Balci et al.，2011；Mahmood，2013），可组合性可以成为重用的重要推动者。近二十年来，可组合性一直是仿真开发人员关注的焦点，特别是在军用建模和仿真领域。早在 1999 年，可组合性就被确定为一个关键目标（Harkrider and Lunceford，1999），近期被描述为“仍然是我们最大的仿真挑战”（Taylor et al.，2015）。可组合性既适用于模型组件也适用于支撑组件，尽管许多可组合性研究聚焦于模型组合的机制和生成的组合模型的有效性。一些重要的结果包括：

（1）可组合性以及集成性和互操作性的通用术语和形式化定义的发展和领域采纳（Petty and Weisel，2003；Petty et al.，2003a；Page et al.，2003；Tolk and Muguira，2003）；

（2）选择模型进行组合的计算复杂性的表征（Page and Opper，1999；Petty et al.，2003b）；

（3）用于描述经过单独验证的模型组件的组合有效性的理论基础发展（Weisel et al.，2003）；

（4）一个“简单形式”的组合就足以组装任何复合模型的验证（Petty，2004）。

在某种程度上，这一基础性工作已经证明了组合不能为建模和仿真的基本复杂性提供“银弹”。例如，仿真开发人员作出的一个常见假设是，如果两个模型已经分别被确定是有效的，那么可以组合这些模型（或实现它们的组件），并且得到的组合模型也必然是有效的。Weisel et al.（2003）表明，除了在最简单的情况下，不能假设两个（或更多）单独有效的模型的组合模型是有效的。类似地，人们可以轻而易举地构建场景，在这个场景中单个模型对于特定目的是无效的；然而，它们的组合创建了一个有效的模型（例如，组件模型是不完整的，或者它们的“弱点”被其他组件模型抵消）。这一结果的含义是显而易见的——组合不能减轻模型验证的基本成本或复杂性。不管单个组件的有效性如何，必须始终对整个组合模型单独进行验证。

类似地，软件开发人员已经并将继续开发用于组合模型的复杂软件框架，目的是使这些组合更容易组装和运行（Petty et al.，2014）。可以合理地假设，这些软件框架不断增加的功能将对模型可组合性能够达到的程度产生根本性影响。Petty（2004）指出，所有组合模型都可以用一个“简单”的潜在组合公式来描述，因此，组合的方式不会从根本上改变组合模型的性质。

2．组件选择

组件选择是一个计算问题，即从包含一组可用组件的库中选择要组合的组件子集，形成的组合将满足仿真系统的给定目标集（Clark et al.，2004）。请注意，在组件选择中实际上存在两个计算问题。第一个问题是确定组件满足哪些需求，这可以是在组件选择之前进行，也可以是根据需要在一组需求出现时进行。第二个问题是选择一组组件来满足一组给定的需求。这两个问题在软件工程中是众所周知的。Pressman 和 Maxim（2015）将这两个问题分别总结为“我们如何用无歧义的、可分类的术语来描述软件组件”以及“如何找到需要的组件”。

要选择一组组件来共同满足一组目标，必须确定每个组件要满足的目标，但不幸的是很容易看出这样的结论可能是有问题的。假设一个组件的预期目标是在所有的输入下完成运行（而不是进入无限循环）。这就是著名的“终止问题”，众所周知，这个问题在一般形式下是无法计算的。即使原则上可以通过算法确定的目标也可能需要一个超多项式的计算时间，因此在实践中是不可行的（Page and Opper，1999）。这一结果的含义是，可能必须通过纯算法以外的方法来确定组件要满足的目标，不管组件元数据的方法有多复杂。

即使以某种方式知道库中每个组件所能满足的目标，组件选择仍然很困难。在文献 Page and Opper（1999）中，作者通过从可满足性中进行约简，证明了特定形式的组件选择是 NP 完全问题。在 Petty et al.（2003a）的研究中，通过从最小覆盖中进行约简，证明了一般形式的组件选择是 NP 完全问题。这一结果的含义与任何 NP 完全问题一样；一般来说，计算问题（在这里是组件选择问题）不能用算法来解决，对于这个问题的大多数情况，必须提出能产生可接受的选择的启发式方法。

6.1.2 建模与仿真重用理论的研究课题

关于建模与仿真重用理论的发展及其在实际场景中的应用，我们提出了三个研究课题。下面按照从“最理论化”到“最实用化”的顺序对这三个课题进行介绍，并为每个课题列出一系列相关的研究问题。

1. 可组合性理论

理解可组合性（即模型的组合和这些组合的有效性）的理论限制是必不可少的。人们已经开展了相关的工作，但是还没有形成一个完全一致、全面和成熟的可组合性理论。相关的研究问题包括：

（1）除了是可计算函数的组合之外，模型或组件组合的理论特征或属性是什么？它们如何影响重用？

（2）什么理论性形式化范式在描述和分析可组合性方面最有效？

（3）具有不同的抽象级别或基于不同的建模范式的模型是否可以组合而不丧失有效性？（Fujimoto，2016）

（4）建模与仿真重用的操作和问题能否在算法信息理论、分类理论和模型理论的术语和概念中重新定义？如果可以，那会提供什么见解？

（5）尽管如前所述，模型组合的整体有效性不能简单地通过模型组件的有效性来保证，但是否可以从组件及其组合方式推断出关于组合有效性的信息呢？（Tolk et al.，2013）

2. 元数据与重用

人们通常将元数据描述为用于支撑重用，并且认为对元数据采用严格的理论方法比专用规范更有可能成功。谓词逻辑可以说是为元数据提出的形式化规范中最常见的一种，但它还没有被证明在实际场景中是可用的。相关研究问题包括：

（1）什么样的形式化范式适合表示组件元数据？

（2）模型的哪些特征应该用元数据表示？

（3）开发一个标准词汇表（也许是使用某种形式的本体定义）是否可以提高元数据的有效性？

（4）组件元数据能否从组件中以算法或启发式方式生成或验证？

（5）模型中的假设如何用元数据进行表达，并在组件选择和模型组合中使用？

3. 重用的自动化

对重用操作（包括组件选择和组合校核及验证）进行自动化的算法和框架，可能会扩大重用的频率和价值。相关研究问题包括：

（1）自动化系统能够如何支撑模型选择、组合和代码生成？（Fujimoto，2016）

（2）什么形式的理论性组合对应于实际的重用模式？

（3）能够以设计模式的方式对重用模式本身进行重用吗？

（4）所提议的模型组合的有效性能否得到算法上的确认？

（5）能不能发展启发式方法来绕过理论障碍，并在大多数实际情况下提供合理的性能？

（6）施加在模型开发上的约束（例如，标准）能否在模型开发完成后提高其可组合性？（Fujimoto，2016）

6.2 重用实践的进展

在本节中，我们将考虑在建模背景中进行日常的重用实践所面临的一些挑战。我们将讨论分为三个不同的领域：

（1）建模与仿真——在这一领域中，我们需要应对模型表示及其在仿真语言和框架中的实现进行重用所面临的问题。

（2）数据——在这一领域中，我们需要应对模型所需要和产生的元素的重用问题。

（3）知识管理和发现——在这一领域中，我们需要解决存档和发现能够重用的潜在产品（模型、仿真、数据）所涉及的问题。

6.2.1 模型和仿真重用在实践中的挑战

我们从四个方面确定了重用模型及其仿真实现的研究挑战：①多范式、多尺度建模；②跨领域和跨实现范围的重用；③建模与仿真 Web 服务的利用；④以质量为中心的组件评估方法。下面将逐一讨论这些问题。

1. 多范式、多尺度建模

作为一个热门方向，建模与仿真非常广泛。它跨越了几十个学科和无数的潜在目标和预期用途（ACM SIGSIM，2016）。据我们所知，目前还没有形成建模与仿真的一个明确的、详尽的分类法。本书采用表 6.1 所示的分类，虽然未必完整，但它表明了建模与仿真的广度。表中提到的每个领域都有自己的特点和方法，适用于解决某些类别的问题，并有自己的用户群体。许多建模与仿真领域都有自己的社团、会议、书籍、期刊和软件工具。

当前的“网络中心”时代导致了“系统的系统”的激增，在这些系统中，具有不同特性的不同系统通过网络（如互联网、虚拟专用网络、无线网络和局域网）组合和集成。

在网络中心化的体系仿真模型开发中实现模型的可重用性、可组合性和可适应性面临严峻的技术挑战。可能需要使用不同的建模与仿真类型和/或在非常不同的空间尺度和时间尺度上对不同的系统或系统组件进行建模。例如，在系统中，第一个组件可能是使用离散建模与仿真进行建模，第二个组件使用计算流体动力学建模，第三个组件使用有限元建模，第四个组件使用系统动力学建模。在这些建模方法之间实现互操作性是一个尚未解决的问题。

我们必须建立新的方法、途径和技术，通过对不同类型的建模与仿真应用或组件进行重用、组合和适应来实现建模与仿真应用或组件的开发。

表 6.1　建模与仿真领域（类型）（Balci, Introduction to Modeling and Simulation, 2016; Balci et al.Achieving Reusability and Composability with a Simulation Conceptual Model，2011）

	基于模型表示		开发方法
A.	1.	离散建模与仿真	逻辑
	2.	连续建模与仿真	微分方程
	3.	蒙特卡罗建模与仿真	统计随机抽样
	4.	系统动力学建模与仿真	速率方程
	5.	基于博弈论的建模与仿真	逻辑
	6.	基于智能体的建模与仿真	知识，“智能”
	7.	基于人工智能的建模与仿真	知识，“智能”
	8.	基于虚拟现实的建模与仿真	计算机可视化

（续）

	基于模型表示		开发方法
B.	基于模型执行		
	9.	分布式/并行建模与仿真	分布式处理/计算
	10.	基于云平台的建模与仿真	云平台软件开发
C.	基于模型组合		
	11.	真实训练	综合环境
	12.	真实实验	综合环境
	13.	现场演示	综合环境
	14.	真实实验	综合环境
D.	基于回路中的要素		
	15.	硬件在回路的建模与仿真	硬件+仿真
	16.	人在回路的建模与仿真	人类+仿真
	17.	软件在回路的建模与仿真	软件+仿真

2. 跨利益共同体和实现范围的产品重用

在单个利益共同体（Community of Interest，COI）中通常使用了许多不同类型的建模与仿真应用，如空中交通管制、汽车制造、弹道导弹防御、业务流程再造、应急响应管理、国土安全、军事训练、网络中心化的行动和作战、供应链管理、电信和交通运输等领域。可重用性、可组合性和适应性是在特定利益共同体中促进任何类型大型复杂建模与仿真应用或组件的设计并显著减少开发时间和成本的关键。

一个建模与仿真应用程序或组件是在一个利益共同体中基于一定的术语（例如代理、作业、导弹）开发的。在另一个利益共同体中，因为术语不匹配，相同的建模与仿真应用程序或组件可能需要不能基于任何重用而从头开发，尽管它们基本上是相同的应用程序或组件。

在各种应用实现中进行广泛的重用面临的挑战也很重要。在建模与仿真应用开发中，我们应该以对产品、开发过程、设计模式或框架进行重用、组合和/或适应为目标，例如：①仿真程序子程序、函数或类；②仿真编程概念框架；③仿真模型/软件设计模式；④仿真模型组件或子模型；⑤整个仿真模型；⑥特定问题域中仿真的概念构造体。

图 6.1 描述了在建模与仿真应用开发的不同级别上可获得的重用性。

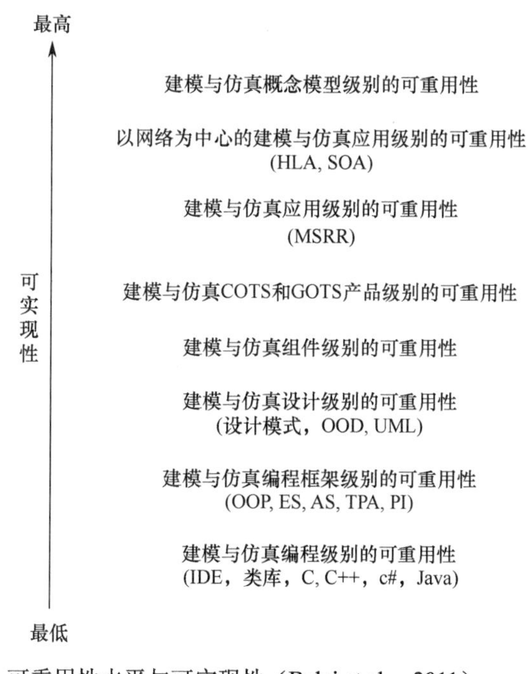

图 6.1　可重用性水平与可实现性（Balci et al.，2011）

在编程级别，可以利用集成开发环境（Integrated Development Environment，IDE）（如 Eclipse、NetBeans 或 Microsoft Visual Studio），从库中提取类（在面向对象范式下）和子程序/函数（在面向过程范式下）。然而，由于编程语言的多种选择（如 C、c#、C++、Java），操作系统（如 Unix、Windows）的差异，以及支持语言转换器的硬件平台（如 Intel、SPARC、GPU、FPGA）的差异，在这个级别上的重用是极其困难的。在 SPARC 工作站的 Unix 操作系统下，用 Java 编程并运行的产品不能轻松地被重用于在基于 Intel 工作站的 Windows 操作系统下用 C++开发的建模与仿真应用程序中。

可以根据底层编程范式对建模与仿真编程框架进行分类，例如，面向对象范式（Object-Oriented Paradigm，OOP）、面向过程范式（Procedural Paradigm，PP）、函数范式（Functional Paradigm，FP）等。Balci（1998）描述了在面向过程范式下用高级编程语言进行仿真编程的四个概念框架：事件调度（ES）、活动扫描（AS）、三相方法（TPA）和进程交互（PI）。通过重用某一个框架支持的概念，仿真程序员可以在这个框架的指导下开展工作。然而，在一个框架下编程的产品不能被轻松地重用于另一个框架中。

如果建模与仿真应用程序和可重用产品或工作产品的开发都采用相同的设计范式，那么在设计级别上的重用是可行的。这样的重用还受所采用的设计模式的影响。例如，在面向对象设计（Object-Oriented Design，OOD）方法下设计的建模与仿真应用程序可以重用面向对象范式（OOP）下构建的工作产品。统一建模语言（Unified Modeling Language，UML）图是描述面向对象设计（OOD）的国际标准。UML 图可以帮助建模与仿真设计人员理解和重用现有的面向对象设计。

然而，在设计级别上的重用仍然是困难的，因为它要求重用相同的设计范例。例如，一个连续仿真模型由微分方程组成，可能不容易与面向对象设计的组件集成。蒙特卡罗仿真是基于统计随机抽样的。系统动力学仿真模型通过因果循环图、带有水平和速率的流图以及方程来表示因果关系。基于智能体的仿真模型表征了智能体及其交互。不同类型的仿真模型是在不同的范式下设计的，一个范式不能被轻易地纳入另一个范式中。Yilmaz 和 Ören（2004）在模型–仿真器–实验框架的概念框架下提出了可重用仿真的概念模型。

建模与仿真组件级重用的目的是通过使用已经开发的模型组件来实现仿真模型的组装（组合），就像用已经生产的部件组装汽车一样。组件可以对应于子模型或模型模块。在这个更高粒度级别上的重用是有益的，因为它比在类或功能级别上重用减少了开发时间和成本。然而，这种重用方法仍然存在困难，因为每个可重用组件都可能是用不同的编程语言实现，而这些编程语言需要在特定硬件平台上的特定操作系统下运行。

建模与仿真的商用现货（Commercial Off-The-Shelf，COTS）产品（如 Arena、AutoMod 和 OpNet）和政府现货（Government Off-The-Shelf，GOTS）产品使组件能够在其 IDE 中重用。这样的 IDE 提供了一个可重用模型组件库。用户可以从库中点击、拖动和拖放已经开发的组件，并在构建仿真模型时重用它。然而，这种重用只针对特定的商用现货或政府现货 IDE，而移植到另一个 IDE 将成为用户的工作。

如果可重用的建模与仿真应用程序的预期用途（目标）与正在开发的建模与仿真应用程序的预期用途相匹配，则在应用程序级别上的重用是可行的。例如，美国国防部（DoD）提供了之前开发的建模与仿真应用程序的国防部建模与仿真目录（Modeling and Simulation Coordination Office （MSCO），2016）。其中一些应用程序是针对一系列预期用途独立认证的。有些没有很好的文档记录，只是以二进制可执行文件的形式出现。即使提供了源代码，充分理解代码以修改所表示的复杂行为也是极具挑战性的。早期开发的建模与仿真应用程序的可重用性依赖于运行环境的兼容性和与预期用途的匹配性。

网络中心化的建模与仿真应用程序涉及建模与仿真组件通过网络进行互操作，通常是为了适应地理上分布的人员、实验室和其他资产。高层体系结构（HLA）是美国国防部、IEEE 和北约的标准，用于通过网络上分布的仿真模型的互操作来开发网络中心化的建模与仿真应用程序（IEEE、IEEE 标准 1516、1516-1、1516-2 和 1516-3）。如果仿真模型是按照 HLA 标准构建的，那么该模型可以被网络上通过 HLA 协议互联的其他模型重用。

面向服务的体系结构（Service-Oriented Architecture，SOA）是另一种基于行业标准 Web 服务和可扩展标记语言（XML）的体系结构。通过重用网络上的仿真模型、子模型、组件和服务，SOA 可用于开发网络中心化的建模与仿真应用程序。例如，Sabah 和 Balci（2005）为随机变量生成（Random Variate Generation，RVG）提供了一个 Web 服务，该服务具有 27 个概率分布，包括所请求随机变量的一般统计、散点图和直方图。可以通过使用 XML 作为互操作性工具，从网络上运行在服务器计算机上的任何建模与仿真应用程序来实现对该随机变量生成 Web 服务的调用。无论使用何种编程语言、操作系统或硬件平台，都能完全实现重用、可组合性和互操作性。然而，这种类型的重用仅适用于网络中心化的或基于 Web 的建模与仿真应用程序开发。

我们必须提出新的方法、途径和技术，以便重用、组合和适配商用现货中创建的建模与仿真应用程序或组件，用于在其他商用现货中开发建模与仿真应用程序。我们也需要新的方法、途径和技术来支持通过跨实现级别的重用、组合和适配建模与仿真应用程序或组件来进行建模与仿真应用程序的开发。

3. 建模与仿真 Web 服务

这个研究挑战涉及如何重用、组合或适配。美国国家标准与技术研究所（the US National Institute of Standards & Technology，NIST）先进技术计划（Advanced Technology Program，ATP）于 21 世纪初启动，列举了基于组件的开发的许多优势，这些优势可以在以下条件下实现（NIST 2005）：

（1）为基于组件的软件开发建立市场，使技术用户能够通过以下方式实现显著的经济效益：

① 降低软件项目成本；

② 提高软件质量；

③ 扩大较便宜技术的适用性。

（2）提高软件开发的自动化程度和生产力，以支持：

① 改进软件质量特征；

② 减少开发、测试和验证软件的时间；

③ 通过软件组件重用增加成本摊销。

（3）通过以下途径提高软件项目团队的生产力：

① 允许应用领域的专家创建其专业知识和技术的组件；

② 在高于编程语言的层次上对开发中的语言进行关注。

（4）通过在以下方面的提升，扩大软件应用和组件生产方的市场：

① 可重用软件组件的系统性构建；

② 增强软件组件之间的互操作性；

③ 软件组件的便捷性和可适应性。

十多年后，尽管进行了大量的研究投资，但美国国家标准与技术研究所（NIST）先进技术计划（ATP）所确定的许多优势尚未实现。基于组件的软件开发仍然是一个“未解决的问题”，这在很大程度上是由于可用编程语言、操作系统和硬件的广泛性和多样化。

基于组件的建模与仿真应用程序开发也可以认为是一个“未解决的问题”，原因有以下几个方面：

（1）需要相互组装的组件采用不同的编程语言进行编码，它们原本是在不同硬件平台上的不同操作系统下运行。

（2）组件所提供的粒度和逼真度（表征程度）与其他粒度和逼真度不同的组件组装时不兼容。

（3）在进行校核和验证过程时，只有二进制形式代码且没有源代码和文档的组件会产生不确定性。

（4）当组件被装配在一起时，某个组件的预期用途与其他组件的预期用途不匹配。

（5）一个组件提供的功能远远超过所需，这会降低执行效率。

美国国防部已经创建了一些建模与仿真库（APL，2010）。重用、组合或适配这些库中的资源已经受到阻碍，因为：①使用不同的编程语言、操作系统和硬件；②许多模型和仿真以及相关数据的机密性质；③缺乏组织来推动重用；④承办方对重用缺乏兴趣；⑤缺乏有效的文档。

在软件工程领域中，许多人认为重用是面向服务的体系结构（Service-Oriented Architecture，SOA）下基于云的软件开发的“已解决的问题”。软件应用程序可以实现为Web服务，其他应用程序可以通过XML或JSON通信对其进行重用。开发软件应用程序所用的编程语言、运行的操作系统以及运行的服务器计算机硬件对调用应用程序是透明的。

为了有效地解决可重用性、可组合性和可适配性问题，建模与仿真领域应该追求已经在通用软件领域中成功应用的Web服务范例。

4．以质量为中心的组件评估方法

现有的建模与仿真应用程序可以在不做任何更改的情况下重用，前提是当且仅当它的可信度被证实足以实现预期的重用目的。

现有的子模型（模型组件）可以在不做任何更改的情况下重用，当且仅当：

（1）其可信性已被证实足以满足开发它的预期用途；

（2）其预期用途与拟将其整合的仿真模型的预期用途相匹配。

对建模与仿真应用程序的任何更改都需要再次进行校核、验证和认证。对已有子模型的任何修改，不仅需要对子模型，而且需要对整个仿真模型进行再次校核、验证和认证。

传统上，通过校核和验证（V&V）来评估模型的准确性。然而，准确性只是影响建模与仿真应用程序整体有用性的数个质量指标之一。可以说，准确性是最重要的品质特征。然而，我们不能忽视其他质量指标的重要性，如可适配性、可组合性、可扩展性、互操作性、可维护性、可修改性、开放性、性能、可重用性、可伸缩性和可用性。

建模与仿真应用程序开发必须基于以质量为中心的方法，而不仅仅是传统的以准确性为中心的方法，这是至关重要的。应该注意的是，以质量为中心的方法包含了以准确性为中心的方法，因为准确性本身就是一个质量指征。

必须在以质量为中心的范式下提出新的方法、途径和技术，通过使用质量指标，如准确性、可适配性、可组合性、可扩展性、互操作性、可维护性、可修改性、开放性、性能、可重用性、可伸缩性和可用性，来评估建模与仿真应用程序的整体质量。

6.2.2 实践中的数据重用

可用数据的规模、速度和种类不断增加，既带来了巨大的机遇，也带来了巨大的挑战。在政府、学术界和工业界的所有领域都是如此，在建模和仿真领域也是如此。建模与仿真的价值很大程度上取决于输入数据的可用性和质量。类似地，建模与仿真可以是多产的输出数据来源。联合国欧洲经济委员会（The United Nations Economic Commission for Europe，UNECE）预计，到 2019 年，全球数据将达到 40 泽字节（400 亿太字节）（见图 6.2）。整个政府的业务和文化，尤其是国防工业，以及建模和仿真企业都在这种数据“过剩”的重压下受苦。面对每天必须处理的大量数据，管理、分析和共享数据的组织实践正变得越来越无效。应对这一挑战需要新的战略、方法和技术。

在 2015 年的一次演讲中，美国时任总统奥巴马指出“对数据的理解和创新有可能改变我们做任何事情的方式，使其变得更好”（Strata + Hadoop World，2015）。这首先要以不同的方式思考数据。数据是信息、知识和智慧的基础（见

图 6.3）。在美国陆军内部，数据是企业资产，信息是企业货币，知识是企业资源（Office of the Army Chief Information Officer/G-6，February 2016）。我们管理、分析和分享数据的方式，使我们能够沿着信息金字塔的方向前进，这样我们就可以使用数据和技术来“真正改变人们的生活”（White House Office of Science and Technology Policy，OSTP，May 2012）。

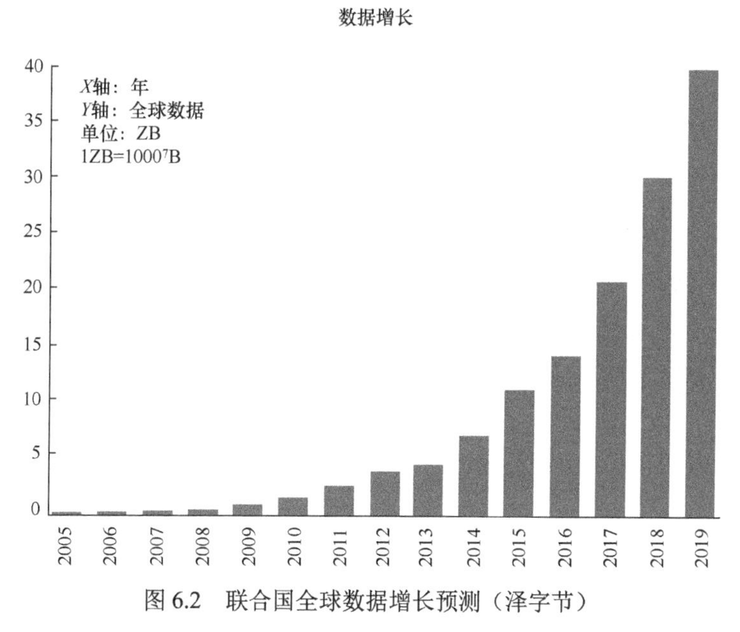

图 6.2　联合国全球数据增长预测（泽字节）

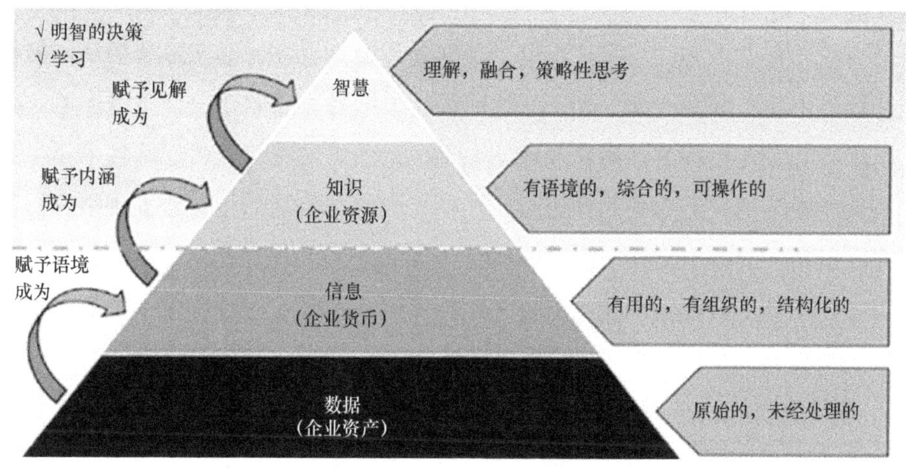

图 6.3　DIKM 处理层次金字塔（Wikipedia, n.d.）

今天，云计算、越来越智能化的移动设备和协作工具的惊人组合正在改变消费者的格局，并渗透到政府中，这既是一个机遇，也是一个挑战。我们从三个方面描述数据重用的研究挑战：管理、分析和共享。

1. 管理数据

数据管理实践是指数据的存储、识别、组织、校正和验证。在政府、国防和建模与仿真（M&S）组织中产生了大量的数据。目前，许多模型和仿真使用一系列不一致的临时数据结构来记录和存储基于遗留文件和格式的数据。这些数据结构包括从平面文件到关系/层次数据库的多种格式和更广泛的来源。此外，每个仿真事件的数据结构都是唯一的，并且不包括元数据描述，这使得直接比较事件之间的数据非常困难。考虑在仿真支持的事件之间维护和更新特设数据结构所面临的挑战，以及它将如何影响模型和/或仿真场景开发、如何影响为单个系统生成的模型、仿真和数据的整合、分析、校核和验证。然后，在跨体系层面再考虑这个挑战。它可能很快变成一项耗时的工作，产生价值有限的可疑结果，并影响模型、仿真和产生的数据的可信度。传统上，在完成仿真支持的活动之后，模型和仿真的用户使用一种称为数据缩减的技术来将大量多维数据缩减到校正过的、有序的、简化的形式。这通常是通过编辑、缩放、汇总和其他形式的处理来完成的。在这个过程中，原始数据往往会被丢弃，同时还丢弃有可能从中获得的隐藏知识。

随着数据存储成本的下降，出现了数据管理的机会。社会已经开始从“最小数据存储”的概念转向存储一切——包括曾经被缩减的原始数据。这增加了对创建、组织和验证元数据方面更稳健和更先进技术的需求和机会，这些技术是生成正确格式的数据集、为数据处理进行排序所必需的，也增加了对数据重用分析和共享方面所需要的数据模型的需求和机会。

有效、主动的数据管理实践将促进数据重用、数据完整性和复杂分析，是数据科学的基础。

2. 分析数据

数据分析是对数据进行检查的过程，目的是发现有用的信息、提出结论、支持决策。换句话说，如何最有效地将决策者推向知识金字塔的顶端，从而利用智慧进行决策来实现目标。探索性、推断性和预测性数据分析是建模与仿真中使用的三种主要数据分析。

仿真探索性数据分析的目标是描述数据并解释过去的结果。这类分析是对数据的概括，有助于发现新的连接，定义新的建模与仿真测试场景，并将观察到的事件进行分组。示例包括描述仿真中成功的次数与尝试的次数、普查数据的应用以及在满足特定条件时发生事件的次数。

仿真推断数据分析的目标是基于有限数量的仿真事件对系统行为进行推断。这是至关重要的，因为在一个复杂的系统仿真或体系仿真中，测试每个可能条件的每个变量参数的复杂性很高并且需要大量的计算资源。示例包括轮询采样和其他抽样方法的应用。

仿真预测数据分析的目标是使用以前收集的数据来预测新事件的结果。这类分析有助于更深入地理解复杂系统或体系之间的相互作用。仿真预测数据分析包括衡量预测的数量和不确定性，如基于信用评分、互联网搜索结果等来预测未来行为。

随着我们的系统变得更加互联，这些系统的模型和仿真变得越来越复杂，产生的数据集也越来越丰富。这些系统通常是松散耦合的，由跨组织的多任务和多角色实体组成，并且在复杂环境中运行时经常展现不明显的行为。探索这些关系是数据挖掘技术的关键组成部分。数据挖掘复杂仿真通常涉及四类常见任务：异常检测、聚类、分类和回归。异常检测的焦点是分析人员可能感兴趣的数据错误或异常值，例如故障模式。聚类是一种为相似事件分组分配相似度评分的方法。分类是将已知结构进行泛化以应用于新数据的任务，例如，预测系统性能的诱因和影响。回归试图找到一个函数或简化模型，可以用最少的错误描述系统的行为。

与重用和数据分析相关的研究机会包括常见的数据可视化方法、融合数据的应用以及实时数据流和处理。

3．共享数据

共享适用于图 6.3 所示的金字塔中的所有层次。在金字塔中共享数据、信息、知识和智慧有多个不同的挑战。最大的挑战之一是文化，这可能是不可改变的，虽然美国情报界进行了改革和重组，并对共享信息进行授权以努力改变这种文化。建模与仿真的数据也需要类似的“共享文化”。许多人会认为，尽管现在存在建模与仿真数据共享的规定，但在政府部门内部并不总是能实现共享（即使是那些为了限制和约束而被仔细处理过的数据），更不用说在整个联邦政府之间始终如一地进行共享。这可能是政策与执行之间的挑战。例如，在美国国防部内部，共享是由国防部指令 8320.02 强制执行的，然而，除了非常关注的最终用户之外，几乎不会向其他任何人发布建模与仿真数据（即使建模与仿真的数据是可访问的）。不在整个建模与仿真领域进行共享的意外后果是重复产生可能已经存在于其他地方的数据和结果，这些数据和结果本来是可以被重用和访问的。关于分享的文化障碍的进一步讨论请见 6.3 节。

图 6.4 描述了一个组织应该对其数据开展的工作，但没有描述共享的内涵。共享的一个内涵是，组织没有意识到他们对自己的数据没有良好的可见性。他们不知道他们所不知道的事，如图 6.4（a）所示，组织的大部分数据通常是要么未使用的（已发现但未使用），要么是具有未知的价值（未发现且未使用）。一旦这个缺点被克服，共享可以从实现企业范围内的可见性、可访问性和可理解性开始（参见图 6.4（b））。

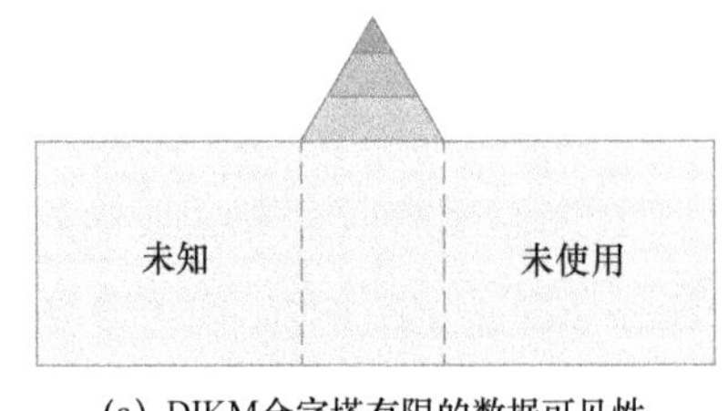

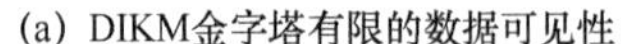
(a) DIKM金字塔有限的数据可见性

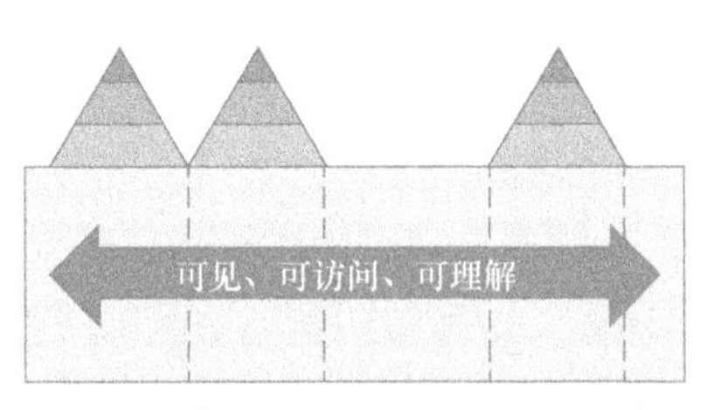

(b) 共享实现可见性、可访问性和可理解性

图 6.4　DIKM 金字塔对共享的启示（Wikipedia, n.d.）

从概念上讲，将数据共享定义为数据变得可见、可访问和可理解是非常简单的，随着所掌握的信息技术工具的普遍可用，大多数组织都可以利用这些技术至少实现可见性和可访问性。然而，可理解的数据更难实现。如前所述，分析是统计总结之外理解数据的途径，但它不是所有问题的解决方案。实现普遍可理解的数据所缺少的能力是访问数据的系统中的自动语义交换。分享就是通信，C.E.Shannon 准确地指出了这一挑战（Shannon，1948）：“通信的基本问题是在某一点上精确或近似地复现在另一点上选择的消息。通常信息是有意义的，也就是说，它们指代某些具有物理或概念实体的系统，或者与这些系统相关联。通信的这些语义方面与工程问题无关。”

换句话说，自动化语义数据交换（即共享有意义的消息）不仅取决于共享的数据，而且还取决于背景的正确解释和正确使用。美国国家科学基金会（National Science Foundation）正在研究通用互联网数据模型。还有一些其他方法，包括分类法和推理机制的自动生成。

随着共享和协作在相关领域中获得越来越多的关注，数据安全和隐私方面的挑战自然而然会出现。要理解数据安全的含义，考虑数据存在的状态是很重要的。数据可以定义为处于移动状态（通过连接传输的数据）、处于静止状态（以任意形式持续任意长的时间）或在内存中（被所有程序、工具、操作系统等使用）。对这些形式的数据的威胁通常可以分为隐私（未经授权的泄露）、完整性（更改）和销毁（永久删除）三类。

尽管在任何情况下，数据销毁都是一个问题，但在数据共享范式中，特别需要关注的是隐私和完整性。即使在共享范式中的“安全”共享环境中，滥用也是关键的紧急风险。数据生产者有一个内在的担心，即仿真数据将被使用在他们所属的范围外。此外，数据生产者可能会担心，如果不保密，数据的滥用可能会对生产者本身造成不良影响（造成不准确的窘境）。在进行任何重用时，数据生产者都会担心原始数据会被更改，从而产生数据完整性问题。基于这些原因，在数据共享模式中，安全性是当前和未来研究的一个关键领域，因为复杂性远远超出了一般业务用例，扩展到了高度技术性的场景。例如，考虑实现一个传输安全层来保护在两个服务器之间移动的数据，因为这些数据由来自不同地理位置的多个基于角色的身份验证用户访问，并且相同的数据也可能通过分布式缓存在网络上变得脆弱；在两种方式（移动和私有）下是安全的，但在第三种方式下（内存）是脆弱的。

数据安全和隐私需要在所有媒介（如上所述的示例）的数据生命周期中加以考虑，由于数据相关的技术正在快速变化，因此安全/隐私技术需要进行调整以跟上步伐。同时也需要将数据安全和隐私视为风险管理过程的一部分来考虑。它们不是静态定义的，而是可以持续评估，以适应新技术，确保它们提供适当的保护和保障，防止数据的不当收集、保留、使用或披露。需要开展研究以支持构建可以确定与数据收集、使用、共享和安全性相关的信任、责任和透明度的体系结构。

总之，通过提高数据质量、可用性和存储容量，数据从根本上改变了我们管理业务和生活的方式。建模与仿真领域也不例外。数据科学中的研究机会比比皆是，比如，数据管理中的元数据生成、组织和验证，数据分析可视化，云计算对分析的影响，数据分析中的数据重用，分类和推理机制的自动生成，有效的安全，以及共享中的隐私。管理、分析和共享技术带来的海量数据将推动产生新的策略和方法，使用户能够通过稳健的建模与仿真来“连接点”，并做出明智的决定。我们现在可以对数据提出以前从未提出过的问题，甚至是关于数据本身的问题，比如我们应该丢弃数据吗？如果要丢弃，要在什么时候丢弃？在政府、国防企业和文化中接受这一现实的理解和动机需要延伸到建模与仿真领域。

6.2.3 建模与仿真资产的发现与知识管理

随着人们认识到模型和仿真是知识的封装，知识管理成为建模与仿真重用的一个关键领域。虽然在这些术语中通常不考虑模型，但模型是对对象或物理现象的表示或解释，它能产生对原对象或物理现象的理解。模型的适用性在于对被建模的事物或过程的知识的一致性和连贯性表示。

Luban 和 Hincu（2009）强调了仿真与知识管理的耦合。在引用一些早期的工作时，他们指出，“虽然文献将仿真和知识管理分开，但对这些领域更详细的分析表明，它们之间有许多联系。在仿真建模过程中可以发现更多关于系统的知识，协作性知识管理工具可以促进模型开发。”

以下小节将考虑作为建模与仿真推动者的知识管理的相关潜在研究领域。

1. 仿真运行的监控和评估

现代仿真的复杂性使得人们越来越难以充分理解互联和依赖关系，以确保模型或仿真是正确的实现。随着模型和仿真变得自适应，甚至是持久的（例如，监控当前系统状态，并服务于制造过程实时决策辅助的仿真），有效性评估将需要另一个应用程序来监控和分析运行中的系统。这种系统通常被称为动态数据驱动应用系统（DDDAS）。

研究方向包括非侵入式监控、多视角仿真过程可视化以及理解分布式计算环境中的交互依赖关系。

2. 模型描述、结构有效性、选择及可信度

模型是研究人员期望了解的实际系统的替代物。因此，模型具有一定程度的抽象，需要针对预期用途对模型的质量进行一些评估。Balci（2004）将质量评估描述为“是依赖于情况的，因为期望的特征集在不同建模与仿真应用中会发生变化。建模与仿真应用的质量通常是通过考虑建模与仿真应用需求、预期用户和项目目标来评估的”。

能力成熟度模型集成（CMMI）定义了一个过程，该过程旨在确保最终的建模和仿真应用得到清楚的定义和文档化。当然，前提是建模与仿真应用的开发是遵循 CMMI 过程的，并且是由经过培训并遵循规定程序的个人执行的。根据模型结构指定有效性级别通常需要测试或验证模型是否与实际对象或过程一致。因此，模型或仿真的描述和结构有效性高度依赖于模型的形成过程和基本假设。

因此，用户对模型的选择基于用户对模型的信心，即该模型是根据一套合理的标准（包括质量控制过程）来设计、构建和评估的。由于目前没有公认的数值定义方法来使用置信度数值（例如，95%），因此由用户来决定模型或仿真是否足以满足他们的目的。用户对模型的信心也反映在与模型相关的有效性上。这方面的研究课题包括质量的数值置信度和适用性的衡量。

3. 使用权威词汇的属性标识

在模型重用方面，主要的障碍通常是语言。一个简单的示例就是制造汽车模型。装配说明书可能包含“将引擎盖（hood）连接到防火墙的支架上”这句话。熟悉美式英语的人完全可以理解这句话。然而，在英国，就会用“bonnet”一

词，而不是“hood”。具有相同功能的同一个部件，但使用了不同的标识。

当有人构建一个模型但不使用数学、属性标识、描述等语言时，就会出现问题。此外，建模者受到他们的领域专长的影响，这些专长塑造了他们的世界观。在研究河床时，水文学家会考虑由于放牧的影响而造成的侵蚀因素，而地质学家则会考虑地下地质作为侵蚀因素。

如果在描述模型的特定组件或模型本身的方式上没有达成共识，那么模型重用将是一个持续性问题。这个方向的研究主要集中在通过使用权威或受控词汇进行属性标识。

Getty 研究所的 Patricia Harping （Patricia Harping，2010）提供了一个很好的示例，说明在管理他们的艺术收藏时需要受控词汇，同时需要描述性数据和管理性数据。

“数据元素记录了对象类型的标识、创建信息、创建日期、起源和当前位置、主题和物理描述以及关于出处、历史、获取、保存、与其他对象相关的管理信息，还有该信息的发布来源。……艺术和文化遗产信息在展示和检索方面提出了独特的挑战。必须以一种允许表达细微差别、歧义和不确定性的方式将信息显示给用户。关于文化物品及其创造者的事实并不总是已知的或直接的，如果不能表达出这种不确定性，就会产生误导，也违反了学术原则。同时，高效的检索需要根据一致的、明确定义的规则和受控术语进行索引。”

以上这段话与模型和仿真有什么关系？同艺术一样，模型要求描述它们是什么、打算如何使用它们以及需要哪些输入和输出。权威词汇表的使用将支持领域内和跨领域的标识和使用，这对模型重用非常有用。我们必须认识到，对于模型开发来说仅仅具有在许多数据库应用程序中使用的受控词汇表是不够的。如上所述，用户的领域影响建模过程中的选择。因此，词汇表应该从模型领域派生出来，同时在描述或标识中保证一致性。这方面的研究课题包括本体和权威词汇的发展。

4．语境管理

《韦氏词典》对语境的定义是指某事物存在或发生的相关条件（如环境、背景)。对于模型和仿真的开发，应该存在一个语境框架来描述模型和仿真的关键属性。从重用的角度来看，语境框架对于正确理解为什么要开发模型以及如何使用它是至关重要的。

组成模型语境框架的属性列表可能包括以下内容:

(1)假设：什么被认为是正确的?

(2)约束：在构建或使用方面应用了什么条件或限制?

(3)意图：开发模型的目的是什么?

(4)使用风险：已确定的和普遍接受的应用边界是什么?

(5)模型逼真度：模型复制原始系统的精确度是多少?

(6)信任/信心：使用什么措施可以保证用户正确操作?

(7)历史/来源：谁构建或修改了模型，修改了什么，为什么修改，如何修改的，什么时候修改的?

语境框架为用户群体提供了充分的信息以做出明智的决定，这是模型重用中的一个关键方面。一般来说，关于模型的信息很少，包括那些可能被用来确定生死情况的模型。这里有一个有趣的假设：今天使用的许多模型是由一个已经去世的人开发的，没有人知道模型是如何构建的。可以在一定程度上重建语境框架，但只能得到部分的知识集。我们需要发展新技术来自动生成语境。

5. 面向协作和增强决策的领域知识扩展

模型和仿真的主要用途是理解或传达有关事物、过程或理论的信息。最终产品是用户对模型或仿真的可信度的决定。因此，无论是使用模型和仿真作为决策辅助的个人还是群体，决策者都必须相信结果是所关心领域的反映。在模型明显错误的情况下(例如，水向上流动)，结果将被决策者丢弃。然而，当模型或仿真提供了看起来是正确的结果，或者至少是表面上看起来是正确的结果时，模型输出的可信度应该是多少呢?

Blatting 等(Blatting et al.，2008)认为，“由于可信度是主观的，不同的决策者可能会对相同的建模与仿真结果赋予不同的可信度，没有人能被别人告知对某事有多大的信心。建模与仿真的可信度评估可以看作是一个由两部分组成的过程。首先，建模与仿真实践者对特定的建模与仿真结果做出一份评估；然后，决策者在特定的决策场景中推断建模与仿真结果的可信度。”

6．基于模型发现的重用

Scudder 等（Scudder et al.，March 23-27 2009）认为，只有通过一致的和相关的元数据才能实现发现，而元数据又需要一致的标识和标记语法。它的基本概念类似于其他数据发现方法，这些方法依赖于开发人员群体遵守一组定义好的规则来描述他们的模型。标准化模型描述面临的一个问题是跨建模领域达成一致。

模型的一个定义是通过逻辑表示（如数学、CAD、物理）来描述某物（如系统或实体）。表征的本质导致了模型作为描述形式的可发现性问题。例如，如何在一个数学模型中嵌入必要的信息以便于发现？使用间接关联（想象一下一个目录）将提供一个访问点，但也需要一个管理流程，在添加更多模型或更改模型时维护这些关联。

Taylor 等（Taylor et al.，2015）指出了重用的另一个方面，即一些模型需要专门的知识才能使用。随着模型变得越来越普遍，模型接口也变得更容易使用。当用户被要求构建一个非常特殊的格式化输入数据文件时，他们必须理解数据以及如何在模型中使用它。使用图形界面，很容易构建任何人都可以运行的模型，但这并不能确保输出结果是有效的。此外，如果用户发现有 6 个模型提供相同的答案，用户如何确定哪个模型是最好的或最准确的？

Taylor 等还提出了通过标准的本体和数据模型进行重用的理由。本体的开发可能会存在问题，因为需要在领域专家之间达成共识。由于固有的关系映射，开发本体的最初障碍可以被重用和可组合性方面的巨大收益所抵消。

6.3　重用在社会、行为和文化方面的进展

即使关于重用的所有严格意义上的技术挑战都已得到解决，社会、行为和规程方面的障碍仍然可能阻止重用发挥全部潜力。本节中指出的社会和行为挑战必须与本节其余部分指出的技术挑战一起解决，如果不能先于这些挑战解决的话。

如果当前在各自领域中最成功或最具影响力的工作人员不把建模与仿真作为一个更大的学科来考虑，针对重用的挑战整体上就不会有实质性的进展。所有这一切都不太可能发生，除非有资金来支付人们为获得模型的更大、更广泛、哲学和理论上的理解（模型是什么以及它们如何工作）而努力。

本小节将讨论如何明确和传授模型或仿真生产者所必需的技能，以提高重用的便利性，如果生产者（个人或组织）有能力并选择这样做。只要用于重用的设计和文档记录不是硬性要求和受到资助的，在建模与仿真当前的合约制文化中这些活动将很难被证明是合理的。

与技术挑战的研究相比，这一领域的研究将需要人类实验，例如教材设计和功效测试。这个领域的一些挑战可能会受益于其他领域（包括开源社区）的软件用户和开发人员的心理模型的研究。

6.3.1　制度

本节的观点很大程度上是基于美国国防部建模与仿真领域的经验。

1. 管理

美国联邦政府，特别是美国国防部（DoD）是建模与仿真的重要使用者，相应地，也从增加的重用中受益最大。联邦采办和收购政策目前鼓励不重用行为，在某种程度上也是惩戒[①]面向重用的设计和实现。虽然这些问题的解决超出了技术研究的范围，但在考虑改善社会和行为方面的机制时，认识这些是很关键的，特别是在确定对塑造行为变化的活动的功效施加严格限制政策时。CNA 的报告（Shea and Graham，2009）是理解这个问题的一个很好的来源。在联邦政府市场之外，这一障碍可能不存在，或者要低得多。

2. 投资回报率/成本效益分析

决策者经常会问及一个新问题，“投资回报率（Return on Investment，ROI）是什么？”在制造业的背景下这个问题的回答很简单，因为工艺变更成本增加和（可能的）单位成本降低是有明确的衡量指标的。在规避成本的情况下，答案就

① 美国法典第 31 条第 1301 节限制使用现有资金来满足未来预期但尚未实现的要求。

不那么明确了，因为在这种情况下，没有重用而构建模型或仿真的精确成本可能是不可知的。这一领域的研究挑战包括：

（1）定义一个广泛接受的框架，用于实施不依赖于不可知指标的重用成本效益分析。

（2）认识到不同领域可能有不同的实践机制，即不同的重用协议。这些差异可能导致对有效性测量和/或有效性评估的方法的不同。

6.3.2 风险与责任

重用由其他组织开发的和/或用于其他领域和预期用途的建模与仿真风险和责任非常多，以致于不能在这里一一列举。这一领域的挑战是确定在什么地方现有的法律先例可以适用，在什么地方必须建立新的法规，这一项工作只能与法律专业人员合作，而不是由技术专家单独进行。技术专家可以通过提供和开发适当的机制来评估风险和失效的技术方面，从而为这项工作做出贡献。该领域现有工作的一个引人注目的示例是基于风险的 VV&A 方法论（The Johns Hopkins Applied Physics Laboratory April，2011）。在这方面，知识产权（Intellectual property，IP）也是一个考虑因素。用户可能会发现需要修改可重用资产以满足其特定的预期用途。如果在重用资产之前没有获得适当的知识产权，用户将（无意中）承担风险或责任，而降低这种风险或责任的成本是很高的。CNA 的报告（Shea and Graham，2009）对这个问题进行了详细的论述。

6.3.3 社会和行为方面

1. 激励行为改变

鉴于管理制度所施加的约束，只能通过改变利益相关方的行为和关于重用的决策才能使重用获得成功。

与构建和维持可行的重要社区所必需的生产者、消费者、集成商和决策者的社会行为相关的具体研究挑战包括以下内容：

（1）面向重用的设计。什么激励结构和/或反应成本会鼓励这种行为？诸如游戏之类的方法是否能够在个体和群体行为之间创造一个积极的反馈循环？实现可重用设计需要哪些技能和/或技术？为可重用资产的设计者提供建设性的反馈需要哪些基础设施和机制？

（2）面向重用的文档记录。即使资产是为重用而设计的，如果未能提供充分的文档，特别是关于检索和组合的元数据的文档，也会限制其可重用性。一旦代码开始工作，软件开发人员就拒绝生成足够详细和信息丰富的文档，这种情况并不少见。文档的缺乏阻碍了校核和验证（V&V）以及随后的重用。这方面的挑战类似于面向重用的设计的挑战，但需要单独考虑。

（3）重用/采用可重用资源。在缺乏管理约束的情况下，什么样的激励结构/措施会激励这种行为？

（4）重用对潜在利益相关方的隐含威胁。激励结构和措施代表了激励重用的积极方面，但重用也意味着对潜在利益相关方的隐含威胁，例如，资金、控制和/或感知状态的损失。这一领域的研究需要确定隐含的威胁，并评估激励和激励措施是否能抵消这些威胁。虽然信任可能不会直接抵消察觉到的威胁，但它可能会改善这些威胁。在这样的背景下，信任适用于个人、组织、元数据的准确性和可重用资产的质量。

（5）不同层次/类型的动机和担忧。上述领域的研究必须考虑到这样一个事实，即不同的利益相关方会有不同层次和类型的动机和担忧。

2. 教育和推广

最后，必须将 6.2 节中描述的研究结果传递给目标受众，并对其有效性进行衡量。这项研究应该解决不同的挑战，包括确定目标学生、提供有效的教育并根据学生在重用领域中的角色（生产者、消费者、集成商或决策/政策制定者）来衡量其效力。

教育和评估过程应调查各种推广机制，包括专家认可、社交媒体和网络。LVCAR 资产重用报告（APL，2010）描述了几种此类机制。

6.3.4 影响

解决本节中指出的研究挑战有可能产生以下积极影响：

（1）创建可验证的知识体系和标准化流程，以计算重用的益处。

（2）激励重用文化，并奖励有建设性参与的涉众。

（3）为利益相关者提供克服阻力的建设性方法。

抵制重用的文化规范是根深蒂固的，如果不武装那些有动机去改变它的个人，就不可能改变它。

参考文献

[1] ACM SIGSIM. 2016. Modeling and Simulation Knowledge Repository （MSKRR）. http://www.acm-sigsim-mskr.org/MSAreas/msAreas.htm. Accessed 20 Apr 2016.

[2] APL. 2010. Live-Virtual-Constructive Common Capabilities: Asset Reuse Mechanisms Implementation Plan. Laurel, MD. Applied Physics Laboratory, The Johns Hopkins University, Technical Report. NSAD-R-2010-023.

[3] Balci, O. 1998. Verification, validation and testing. In Handbook of Simulation: Principles, Methodology, Advances, Applications and Practice. New York, NY: John Wiley & Sons,335-393.

[4] Balci, O. 2004. Quality assessment, verification, and validation of modeling and simulation applications. In Proceedings of the Winter Simulation Conference.

[5] Balci, O. 2016. Introduction to modeling and simulation. ACM SIGSIM Modeling and Simulation Knowledge Repository (MSKRR) Courseware. Accessed 20 April 2016. http://www.acmsigsim-mskr.org/Courseware/Balci/introToMS.htm.

[6] Balci, O., J.D. Arthur, and W.F. Ormsby. 2011. Achieving reusability and composability with asimulation conceptual model. Journal of Simulation 5 (3): 157-165.

[7] Blatting, S.R., L.L. Green, J.M. Luckring, J.H. Morrison, R.K. Tripathi, and T.A. Zang. 2008.Towards a capability assessment of models and simulations. In 49th AIAA/ASME/ASCE/AHS/ASC Structures, Structural Dynamics, and Materials Conference.

[8] Clark, J., C. Clarke, S. De Panfilis, G. Granatella, P. Predonzani, A. Sillitti, G. Succi, and T.Vernazza. 2004. Selecting components in large COTS repositories. The Journal of Systems and Software 73 (2): 323-331.

[9] Fujimoto, R.M. 2016. Research challenges in parallel and distributed simulation. ACM Transactions on Modeling and Computer Simulation. 24(4) (March 2016).

[10] Harkrider, S.M., and W.H Lunceford. 1999. Modeling and simulation composability. In Proceedings of the 1999 Interservice/Industry Training, Simulation and Education Conference. Orlando, FL.

[11] Harping, P. 2010. Introduction to controlled vocabularies: terminology for art, architecture, and other cultural works. Murtha Baca, Series Editor, J. Paul Getty Trust.

[12] IEEE. IEEE Standard 1516, 1516-1, 1516-2, and 1516-3. IEEE Standard for Modeling and Simulation (M&S) High Level Architecture (HLA). New York, NY.

[13] Luban, F. and D. Hincu. 2009. Interdependency between simulation model development and knowledge management. Theoretical and Empirical Researches in Urban Management, 1(10).

[14] Mahmood, I. 2013. A verification framework for component based modeling and simulation: putting the pieces together. Ph.D. Thesis, KTH School of Information and Communication Technology.

[15] Modeling and Simulation Coordination Office (MSCO). 2016. DoD M&S Catalog. Accessed 21 Apr 2016. http://mscatalog.msco.mil/.

[16] NIST. 2005. Component-Based Software. Washington, DC: Advanced Technology Program(ATP) focused program.

[17] Office of the Army Chief Information Officer/G-6. 2016. Army Data Strategy. Washington, DC.

[18] Page, E. H., and J. M Opper. 1999. Observations on the complexity of composable simulation. In Proceedings of the 1999 Winter Simulation Conference. Phoenix, AZ.

[19] Page, E.H., Briggs, R., and Tufarolo, J.A. 2003. Toward a family of maturity models for the simulation interconnection problem. In Proceedings of the Spring 2004 Simulation Interoperability Workshop. Arlington, VA.

[20] Petty, M.D. 2004. Simple composition suffices to assemble any composite model. In Proceedings of the Spring 2004 Simulation Interoperability Workshop. Arlington, VA.

[21] Petty, M.D. and Weisel, E.W. 2003. A composability lexicon. In Proceedings of the 2003 Spring Simulation Interoperability Workshop. Orlando, FL.

[22] Petty, M.D., E.W. Weisel, and R.R Mielke. 2003a. A formal approach to composability. In Proceedings of the 2003 Interservice/Industry/Training, Simulation and Education Conference. Orlando, FL.

[23] Petty, M.D., E.W. Weisel, and R.R Mielke. 2003b. Computational complexity of selecting models for composition. In Proceedings of the Fall 2003 Simulation Interoperability Workshop.Orlando, FL.

[24] Petty, M.D., J. Kim, S.E. Barbosa, and J. Pyun. 2014. Software frameworks for model composition. Modelling and Simulation in Engineering.

[25] Petty, M.D., K.L. Morse, W.C. Riggs, P. Gustavson, and H. Rutherford. 2010. A reuse lexicon:terms, units, and modes in M&S asset reuse. In Proceedings of the Fall 2010 Simulation

Interoperability Workshop. Orlando, FL.

[26] Pressman, R.S., and B.R. Maxim. 2015. Software Engineering: A Practitioner's Approach.New York, NY: McGraw Hill.

[27] Sabah, M., and O. Balci. 2005. Web-based random variate generation for stochastic simulations.International Journal of Simulation and Process Modelling 1 (1-2): 16-25.

[28] Scudder, R., P. Gustavson, R. Daehler-Wilking, and C. Blais. 2009. Discovery and Reuse of Modeling and Simulation Assets. Orlando, FL: Spring Simulation Interoperability Workshop.

[29] Shannon, C.E. 1948. A mathematical theory of communication. Bell System Technical Journal 27(3): 379-423.

[30] Shea, D.P. and K.L. Graham. 2009. Business models to advance the reuse of modeling and simulation resources. Washington, DC: CRM D0019387.A2/Final, CNA.

[31] Strata + Hadoop World 2015. Accessed 29 April 2016. https://www.youtube.com/ watch?v=qSQPgADT6bc.

[32] Taylor, S. et al. 2015. Grand challenges for modeling and simulation: simulation everywhere-from cyberinfrastructure to clouds to citizens. Transactions of the Society for Modeling and Simulation International, 1-18.

[33] The Johns Hopkins Applied Physics Laboratory. 2011. Risk Based Methodology for Verification,Validation, and Accreditation (VV&A). M&S Use Risk Methodology (MURM). Washington,DC: NSAD-R-2011-011.

[34] Tolk, A. and J.A. Muguira. 2003. The levels of conceptual interoperability model. In Proceedings of the Fall 2003 Simulation Interoperability Workshop. Orlando, FL.

[35] Tolk, A., S.Y. Diallo, J.J. Padilla, and H. Herencia-Zapana. 2013. Reference modelling in supportof M&S — foundations and applications. Journal of Simulation 7 (2): 69-82.

[36] Weisel, E.W., R.R. Mielke, and M.D. Petty. 2003. Validity of models and classes of models insemantic composability. In Proceedings of the Fall 2003 Simulation Interoperability Workshop. Orlando, FL.

[37] White House Office of Science and Technology Policy (OSTP). 2012. Digital government: building a 21st century platform to better serve the American people. Washington, DC.

[38] Yilmaz, L. and T.L. Oren. 2004. A conceptual model for reusable simulations with amodel-simulator-context framework. In Proceedings of the Conference on Conceptual Modelling and Simulation. Genoa, Italy.

原作者信息列表

列表中作者出现顺序按照原著中的排序。原著包括对第 3 章和第 4 章作者信息的勘误，在以下列表中已做了相应地更正。

第 1 章

R. Fujimoto(✉), Georgia Institute of Technology, Atlanta, USA

E-mail: fujimoto@cc.gatech.edu

M. Loper, Georgia Institute of Technology, Atlanta, USA

E-mail: Margaret.Loper@gtri.gatech.edu

第 2 章

W. Rouse(✉), Stevens Institute of Technology, 1 Castle Point Terrace,Hoboken, NJ 07030, USA

E-mail: rouse@stevens.edu

P. Zimmerman, Office of the Deputy Assistant Secretary of Defense for Systems Engineering,Washington DC, USA

E-mail: philomena.m.zimmerman.civ@mail.mil

第 3 章

C. Bock(✉), National Institute of Standards and Technology, Gaithersburg, USA

E-mail: conrad.bock@nist.gov

F. Dandashi, The MITRE Corporation, Mclean, USA

E-mail: dandashi@mitre.org

S. Friedenthal, SAF Consulting, Reston, USA,

E-mail: safriedenthal@gmail.com

N. Harrison, Defence Research and Development Canada, Quebec, Canada

E-mail: Nathalie.Harrison@drdc-rddc.gc.ca

S. Jenkins, NASA Jet Propulsion Laboratory, Pasadena, USA

E-mail: sjenkins@jpl.nasa.gov

L. McGinnis, Georgia Institute of Technology, Atlanta, USA

E-mail: leon.mcginnis@isye.gatech.edu

J. Sztipanovits, Vanderbilt University, Nashville, USA

E-mail: janos.sztipanovits@vanderbilt.edu

A. Uhrmacher, University of Rostock, Rostock, USA

E-mail: lin@informatik.uni-rostock.de

E. Weisel, Old Dominion University, Norfolk, USA

E-mail: eweisel@odu.edu

L.Zhang, Beihang University, Beijing, China

E-mail: johnlin9999@163.com

第 4 章

C. Carothers, Rensselaer Polytechnic Institute, Troy, NY, USA

E-mail: chris.carothers@gmail.com

A. Ferscha, Johannes Kepler Universität Linz, Linz, Austria

E-mail: ferscha@soft.uni-linz.ac.at

R. Fujimoto(✉), Georgia Institute of Technology, Atlanta, GA, USA

E-mail: fujimoto@cc.gatech.edu

D. Jefferson, Lawrence Livermore National Laboratory, Livermore, CA, USA

E-mail: jefferson6@llnl.gov

M. Loper, Georgia Tech Research Institute, Atlanta, GA, USA

E-mail: Margaret.Loper@gtri.gatech.edu

M. Marathe, Virginia Tech, Blacksburg, VA, USA

E-mail: mmarathe@vbi.vt.edu

P. Mosterman, MathWorks, Natick, MA, USA

E-mail: Pieter.Mosterman@mathworks.com

S.J.E. Taylor, Brunel University London, Uxbridge, UK

E-mail: Simon.Taylor@brunel.ac.uk

H. Vakilzadian, University of Nebraska-Lincoln, Lincoln, NE, USA

E-mail: hvakilzadian@unl.edu

第 5 章

W. Chen, Northwestern University, Evanston, USA

E-mail: weichen@northwestern.edu

G . Kesidis, Pennsylvania State University, State College, USA

E-mail: kesidis@gmail.com

T. Morrison, Food and Drug Administration, Silver Spring, USA

E-mail: Tina.Morrison@fda.hhs.gov

J.T. Oden, University of Texas at Austin, Austin, USA

E-mail: oden@ices.utexas.edu

J.H. Panchal(✉), School of Mechanical Engineering, Purdue University,585 Purdue Mall, West Lafayette, IN 47907-2088, USA

E-mail: panchal@purdue.edu

C. Paredis, Georgia Institute of Technology, Atlanta, USA

E-mail: chris.paredis@me.gatech.edu

M. Pennock, Stevens Institute of Technology, Hoboken, USA

E-mail: mpennock@stevens.edu

S. Atamturktur, Clemson University, Greenville, USA

E-mail: sez@clemson.edu

G. Terejanu, University of South Carolina, Columbia, USA

E-mail: TEREJANU@cse.sc.edu

M. Yukish, Pennsylvania State Applied Research Laboratory, State College, USA

E-mail: may106@arl.psu.edu

第6章

O. Balci, Virginia Tech, Blacksburg, VA, USA

E-mail: balci@vt.edu

G.L. Ball, Raytheon Company, Waltham, MA, USA

E-mail: george_ball@raytheon.com

K.L. Morse, Applied Physics Laboratory, The Johns Hopkins University, Laurel, MD, USA

E-mail: Katherine.Morse@jhuapl.edu

E. Page(✉), The MITRE Corporation, 7515 Colshire Drive, Mclean, VA 22102, USA

E-mail: epage@mitre.org

M.D. Petty, University of Alabama in Huntsville, Huntsville, AL, USA

E-mail: pettym@uah.edu

S.N. Veautour, U.S. Army Aviation and Missile Research Development and Engineering Center,Huntsville, AL, USA

E-mail: Sandra.veautour@mda.mil

A. Tolk(✉), The MITRE Corporation, 903 Enterprise Parkway, Hampton, VA 23666, USA

E-mail: atolk@mitre.org